空天报国忆家园

北航校园规划建设纪事（1952—2022年）

《空天报国忆家园——北航校园规划建设纪事（1952—2022年）》编写组　编著

北京航空航天大学出版社
天津大学出版社

《空天报国忆家园——北航校园规划建设纪事（1952—2022 年）》编委会

谨以此书献给

全体为北京航空航天大学校园建设做出贡献的人们

序

新中国成立之初，百废待兴，航空工业也非常薄弱，而抗美援朝争夺制空权的激烈斗争催生了我国“急需办一所航空大学”的现实需求。在周恩来总理亲笔批示下，清华大学、北洋大学、西北工学院、厦门大学、四川大学、华北大学工学院、云南大学、西南工业专科学校八所院校的航空系，经过两次调整，组建了新中国第一所航空航天高等学府——北京航空学院（现北京航空航天大学，以下简称北航）。这所诞生在抗美援朝烽火硝烟中的高校，在砥砺奋进的 70 个年头里，将空天报国的红色基因融入了每一位北航师生血脉之中。校园里林立的或陈旧或崭新的建筑，是北航航空航天教育事业 70 年波澜壮阔的奋斗史最生动的见证者和亲历者。

北航的规划建设历程见证了为国而生、与国同行的北航。1952 年 10 月 25 日，北航建校，开启了与国同行的奋斗征程。北航最早的一批老师大都毕业于世界名校，他们放弃了海外优越的生活和工作条件，毅然回国，会聚在新中国第一所航空航天高等学府。在这里，北航师生在工棚里上课、在路灯下读书、在田野间试验、在走廊里吃饭，在极端困难的条件下，建成了包括主楼建筑群在内的一系列优秀建筑，它们成为学校开展教学科研活动最根本的保障。筚路蓝缕的北航人在这里不断从“0”向“1”发起挑战，“北京一号”填补了我国轻型旅客机的空白，“北京二号”实现了亚洲探空火箭“0”的突破，“北京五号”开创了我国无人驾驶飞机的先河。

北航的规划建设历程见证了北航的坚守初心、育人为本。北航始终把立德树人作为根本任务，坚持用最好的资源培养更好的学生。学校始终秉承“只有培养出一流人才的高校才能够成为世界一流大学”这一理念，力争通过更优越、更完善的硬件条件为学生提供最好的成长舞台，助力每一位同学的成才梦想。建校早期的宿舍和食堂仅能够满足学生住宿及吃饭的需求，现在它们已经演进为可以同时满足社团活动、自习研讨、购物健身等需要的书院式社区；教室、实验室也逐渐实现了智慧化的升级，智能化技术构建了智能化环境，教学内容呈现形式得以优化，学生获取学习资料更加方便，促进了课堂交互开展，让师生通过现代技术实现灵活的教与学。

北航的规划建设历程见证了敢为人先、爱国奉献的北航。建校 70 年来，北航始终以服务国家为最高追求，将科技创新作为爱国奉献的生动实践，建设了一系列服务国家重大战略的高水平实验室。面对“卡脖子”的关键技术挑战，北航师生勇于探索，不断创新，新世纪以来获得 15 项国家科技奖励一等奖，在无人机、3D 打印等关键核心技术领域取得重大突破，多个重大型号得到规模化应用，为国家做出突出贡献。特别是过去的十年，我国众多重要工程和标志性成果实现重大发展，如“鲲鹏”升空，“神舟”飞天，“嫦娥”赴月，“祝融”探火，其中就有很多北航智慧和北航贡献。

2022 年，北航成立 70 周年。在副校长刘树春的带领下，校园规划建设与资产管理处牵头对学校的规划建设历程进行了全面的梳理，这是对一代代北航建设者们攻坚克难、顽强拼搏的精神的总结和凝练，也是对新一代北航建设者们传承变革、创新发展的鞭策和鼓励，希望全体北航建设者能够以此为契机，扎实工作，再创辉煌！

本书编写组

2022 年 10 月

北京航空航天大

目录

编首语
秉承“环境育人”理念
绘就校园建设华章

2022 年 10 月 25 日是北京航空航天大学（以下简称北航）建校 70 周年纪念日。2022 年 2 月 28 日北航举行的 2022 年度工作会议明确了 2022 年为学校“能力建设年”，并提出了“强化一流能力、培养一流人才、做出一流贡献，加快建设中国特色世界一

主楼夜景

流大学”的总体目标。自 1952 年北航创立以来，北航人始终在空天报国之精神传承下坚实奋进，在 70 年壮阔的发展历程中，北航的校园建设工作始终坚持科学理性，为打造“宜居、宜学、绿色的一流大学校园”的目标努力不息。在北航迎来 70 岁生日的重要时刻，相信通过对北航校园建设历程的重要节点回望及标志性校园建筑的讲述，大家将看到北航的校园建设始终与国家发展需求同呼吸、共命运，在折射出北航秉持的先进校园建设理念的同时，也展现出北航与一流大学相匹配的卓越办学能力。在这里，北航建筑与北航特有的空天文化融合共促，环境育人的成果理念使北航师生在和谐校园氛围中成长共生。

新主楼中央庭院

沙河校区主楼

一、北航校园 70 载的建设理念

如果说，校训承载大学的理想，涵养核心价值观，那么能让师生铭记于心的一定还有校园建设的精彩。林语堂说过“文章有味，大学亦有味……浸润熏陶其中者，逐染其中气味”。70 载北航校园建设演变史，可道出一座座有故事的建筑，也展示出一代代讲建筑故事的人。早在 1931 年，就职清华大学校长的梅贻琦在演讲中就宣称“所谓大学者，非谓有大楼之谓也，有大师之谓也”。他讲的是，大学除了“大师”，必须重视“大楼”。《空天报国忆家园　北航校园规划建设纪事（1952—2022 年）》一书就是用丰富的历程对大学进行解读，北航人对“大楼”建设的投入与重视是正确抉择，从一定意义上讲，这是新中国高校建设文化自信的标志。

认知北航的校园建设史，同认知 1949 年前的大学不同，北航更彰显了新中国高校建设的成就。如果说，大学文化是可以构筑城市精神与城市品格的重要力量，那么新中国的高校，尤其是肩负特殊使命的北航，更应在“集世界之窗、学各地之长”的大学交会处体现新特点。现在看来，北航不仅有现代大学的策源与发轫之优点，还荟萃有新中国高校建设、艰苦创业的精神气质。大学的校园建设不仅是满足学校教学、科研与生活的必要条件，还是大学中形成“建筑”或“景观”的必要条件，有特殊的文化、教育与学术价值。无论是楼宇外形还是内部构造，无论是景观还是道路，校园建设的背后都是大学办学理念的体现。总体来讲，北航 70 载校园建设路是有规划引领的科学理性之径，如今两大校区的超过 230 万平方米的精彩建筑回答了高校校园建设的诸多问题：如何使高校的历史责任与使命融入体现卓越能力的教书育人与科研的环境中；如何在高速的城市化发展中，让大学校园成为传承并引领城市文化的示范区；如何在高校发展实践中，选择那一缕缕情系校园老建筑记忆的“乡愁”，使高校这一文化圣地，紧紧围绕传承与创新这些永恒的主题；如何以改革发展之思，使建设用地与教学科研、德育美育、创新创业等各方面紧密融合，开拓具有北航特色的发展之路；等等。上述这些都是北航人在现实条件下不断考量的大事。

大学乃探索、传播和保存真理之地，与其他公共场所相比，其对功能、审美、景观乃至结构安全的要求更高。于实，它必须具备为大学能力建设服务的所有配套功能；于虚，它更须展现并融汇大学深刻的办学理念。大学需要培养造就“大师”，大学的“大楼”更要让创意成为空间与环境的写照。我们始终认为：要夯实大学的价值引领与知识传承的支撑点，要培养一批批中国航空航天的创新人才，不断强化的校园建设是北航发展的刚需。在这里，我们的校园建设可与世界连接，大学成为展示中国学术精神气质与建设品质的窗口。《空天报国忆家园　北航校园规划建设纪事（1952—2022 年）》一书，以时代背景为基，展示了北航校园建设的文化基因。

奠基典礼大会主席台一角

奠基典礼大会时任北京航空学院副院长杨待甫揭幕情形

奠基纪念

1953 年建校伊始的建设场景

2022 年恰值 1952 年中国高校院系调整 70 周年，相信编撰《空天报国忆家园　北航校园规划建设纪事（1952—2022 年）》一书，可在精心描摹历史片段中观照当下，在阅读北航往昔中让万千北航人及全社会更添今朝自信。因为，对于有影响力的好的建筑，对其的保护并非一味将其修缮成纪念馆或纪念碑，而要看它是否可促进建筑与人的情感与文化交互。在北航，无论是 20 世纪 50 年代的建筑“老者”，还是 2000 年后呈现的建筑“新秀”，它们都让今人感到生命力，它们都体现出建筑的意象与品格，不仅可用、可观，还可悟。

北航校园建设 70 载，不论“环境育人”还是能力建设，都体现了这所综合性工科大学在“教育向善”科学文化精神与塑造工匠精神方面的大思路。如果说，从师方知天地阔，那么，北航人用建筑承载的校园建设，让我们自身也一次次感悟到大学校园建设对育人的非凡作用。北航 70 年的校园建设不仅营造“环境育人”之境，更体现出有高度且扎实的能力建设之道。从大处着眼，2015 年，联合国 193 个会员国通过《改变我们的世界——2030 年可持续发展议程》，而北航校园建设恪守的能力建设战略与步骤与联合国提出与推动的“能力建设”竟如此高度吻合。能力建设的定义是：“发展与加强组织和社会所需的技能、直觉、实践能力和资源，以在快速发展的社会中生存、适应，实现繁荣。”所以，知识生产、人才培养与创新、文明培育是践行高校能力建设的根本。城市通过文化建设滋养了大学，反过来大学又哺育了城市文化创新。

大学在迭代进步，大学进步以城市进步为原动力。高校校园建设的“环境”与“能力”要成为一本对师生都十分重要的“教科书”，因为它自然而然地要求大家共读共赏。校园的规划格局、道路可达性、建筑与环境之美，都会紧紧嵌在每位师生心中，对汲取知识的学生更为重要。因为营造的校园环境的每个细节乃至建筑风格，都会或多或少地影响学生的创新思维与情趣。这些年北航建设者很珍视校园建设的机会，因为我们知晓，校园建设的不凡在于可以让建筑空间更富有文化，一是促进滋润培育，二是促进创新赋能。

二、为民族振兴而生的学院路校区

北京航空航天大学（时称北京航空学院）成立于 1952 年，它的筹备可追溯到新中国成立初期。面对“实现国家工业化”的要求，我国急需工业化人才。经中央批准，我国成立了农、林、地质、矿业、钢铁、医学、石油、航空方面的八大专业院校，这

中法大学旧址

八大院校代表着推进新中国工业化最急需培养人才的八个理工专业。北京航空学院赫然在列。1952 年 10 月 24 日，教育部下达成立北京航空学院的批文，1952 年 10 月 25 日，北京航空学院成立大会在北京工业学院（原中法大学）礼堂隆重举行。

建校初期，由于北航当时并无校舍，新生只能分两部分安置：一部分暂住清华大学，一部分暂住北京工业学院（分别在原中法大学校址和车道沟校区）。1953 年 5 月，北航正式确定校址——京西元土城遗址西北角的海淀区柏彦庄。可贵的是，学校在建校初期就编制了校园规划方案，从中可以看出，在北航建校初期，学院路校区就已经确

建校初期的教职工宿舍

建校初期的飞机系楼（现一号楼）

主楼

行走在教学区的学生

北京航空学院 1952—1957 级毕业生摄影留念（1957 年 8 月 19 日）

定了功能分明的组团式校园规划格局。1953 年 6 月 1 日，北航第一栋教学楼破土动工，并在半年内完成 34 724 平方米的楼宇建设及 28 275 平方米的道路建设。同年 10 月，部分师生开始在此工作与学习，他们克服困难，在工棚里自习、就餐。继一号、三号教学楼建设之后，二号教学楼、主楼、四号教学楼以及主南、主北等教学楼的建设又相继启动，直至 1957 年 2 月，主南、主北教学楼竣工，该区域的建筑全部建成，形成了学院路校区教学区，该教学区的典型建筑基本保持至今。建校初期的基础设施建设为保障学校人才培养提供了重要的基础条件。

20 世纪六七十年代，北航校园的建设在曲折中不断探索，尽力保障师生的教学、科研工作。直到 1977 年，高考制度恢复，北航开始补充各类办学资源，积极提升办学能力。1988 年，学校改名为“北京航空航天大学”，标志着北航从 1952 年建校时的单一工科学校发展成以工为主，理、工、文、管相结合的多层次、多规格的综合性大学，这是北航发展史上的新起点及里程碑事件。这一时期，北航校园建筑的风格都比较简单朴素，与当时国家倡导的“实用、经济，在可能的条件下兼顾美观”的建设原则基本保持一致。这一时期也是北航各类校舍资源补充和完善的重要时期，基本办学条件不断完善。

进入新千年之后，建筑单体改造和区域整体拆除重建成为这一时期各高校的主要

1988 年 5 月 17 日学校隆重举行北京航空航天大学命名庆祝大会

教室

教学区全景

建设模式。与此同时，北航也迎来了不可多得的发展契机：1999 年国务院批复加快建设中关村科技园区，北航紧抓此契机，建设了北航国家级大学科技园区，陆续建成了柏彦大厦（2002 年）、世宁大厦（2003 年）、唯实大厦（2009 年）、致真大厦（2014 年）等共计 40 余万平方米的“环北航知识创新经济圈”，以大学科技园为依托，形成产教融合、成果转化的科技创新生态区；2001 年北航进入国家“985”高校建设行列；2001 年第 21 届世界大学生运动会在京举办，大运村就建在北航西南角，后经收购成为北航学生公寓；2002 年北航迎来 50 华诞，以学校庆典为契机，诸多建筑得到改造、修缮，进一步提升了品质，校园环境焕然一新。

从 50 周年校庆起，北航校园建筑的品质就发生了跨越式的变化，产生了良好的校园文化传播效应和广泛的社会影响，“环境育人”的理念逐渐深入人心。值得讲述的是，2006 年全亚洲最大的单体教学楼——北航新主楼正式投入使用，其成为北航甚至整个学院路的高校新地标。新主楼建成前，北航受空间资源、设施配套的限制，学校

夕阳下的柏彦大厦与世宁大厦

唯实大厦

科研教学能力的提升与潜力的拓展都受到一定影响。而新主楼的问世从学科建设的角度来看，作用是巨大的，它是对学校教学资源大面积的集中与提升。从新主楼建设项目立项伊始，学校与设计方在不断沟通磨合中，便确定了将“高等学府人才培养逻辑”作为该项目的设计建设方向和基础，因为大学是“立德树人”的场所，在这里学子们汲取知识、培育三观，新主楼的建设就要充分秉持“环境育人”的理念。

学校领导对新主楼的建设高度重视，从协调项目用地审批手续，到解决经费，再到设计、施工，都给予了大力的支持。项目建成后，获得了“中国建设工程鲁班奖”，这是来之不易的荣誉，因为这个奖项的评估维度是综合性的，体现项目团队对一个建筑项目的根本控制能力。从成本控制方面来看，该项目当时采用了创新的“合理低价”的原则，在保证质量的基础上，选择性价比最高、品质最优的供货商，这不仅对供货商的资质提出了更高的要求，考验了供货商的能力，更对校方的全建设流程管理把控能力提出了极高的要求。新主楼项目可总结的经验是很丰富的，它的典范作用不仅在

新主楼入口阶梯

于其建筑本身的创新价值，更在于整个项目全链条执行过程中对北航基建系统的管理理念、质量把控、建设标准各方面产生的引领作用。新主楼的成功落成以及十多年来的良好运行，为北航 2000 年后的校园建设再开展奠定了坚实基础。

2016 年，伴随着国家“十三五”规划的全面展开，“建设、整治、提升”成为那五年北航校园再发展的关键词。同时，学校也越来越关注建设项目的建筑文化和建筑内涵，更加注重对高校内不同建筑人文底蕴的发掘和传承。属于北航的建筑物要能够体现“北航文化”，彰显“北航气度”，传承“北航精神”。北航建筑本身更成为文化育人的重要载体，比如教学区三号楼的整体改造使建筑旧貌换新颜，与此同时，五号楼和第一馆项目在保留教学区传统建筑风貌的基础上，通过现代化的建筑技术与施工优化，也实现了校园建筑传承与创新的有机衔接。

这一时期，学校打造了具有全新设计理念的学生宿舍、食堂——新北社区。北航

三号楼

五号楼

学院路校区新北社区

早期的宿舍、食堂建设受限于经济发展与资金投入，各类设施、设备单一，更新换代较慢，宿舍功能以学生休息为主，建筑结构以砖木或者砖混为主，建筑层数普遍为 2~4 层，广泛采用内廊式布局。《和谐校园“大爱润航”专项规划》指出，要“加大基础设施建设投入，完善教学、科研、生活设施，优化办学资源，为学校办学能力和科研能力的提升提供基础保障”。经过统筹谋划和协调搬迁，学校拆除了除原学生 12、19 公寓及 114 楼外北区的全部建筑，北区数十年如一日不变的样貌开始改头换面。

2019 年，新北社区宿舍与食堂项目完工并投入使用。北航终于迎来了集生活、服务、交流于一体的书院式宿舍，在设计单位的大力支持与创新设计下，营造出一体化的社区、宜居的景观绿地、创新创业平台、文化传承基地。新北社区宿舍除了关注设施配套的硬件提升，更营造出文化内涵丰富的环境，使建筑人文底蕴的发掘和传承充分呈现。应提及，新北社区建设十分注重对原有建筑中“北航文脉”的传承，女生 13 公寓的设计、建设保留了有“公主楼”之称的原宿舍楼的门头，充分尊重了几代北航人的情感记忆。在与学生们的座谈中，学生们自豪地说：“除了上课，没有离开‘新北’的理由！”

三、新时期“双核发展”背景下的沙河校区建设

2018 年 7 月，北航正式印发学院路校区与沙河校区的布局规划文件，明确了学科布局方案，从以年级划分的横向切分向以学科划分的纵向切分转变，以学科为牵引，实现 10 个学院整建制从学院路校区搬迁至沙河校区，正式确立了北航两校区“双核”发展的办学理念。早在 2001 年，原国防科工委批复了《关于北京航空航天大学新校区建设项目建议书的批复》，拉开了沙河校区规划建设的序幕。北航沙河校区的规划建设紧紧围绕学校学科需求，在不断发展中经历了 3 个重要的历史时期。

沙河校区一期建设：2006 年 7 月，北航成为沙河高教园区内第一个签订征地协议、完成征地的高校。2007 年 10 月，沙河校区暨航空科学与技术国家实验室建设开工仪式举行。沙河校区一期建设以满足本科低年级教学任务为目标，建成教学楼、实验楼、宿舍、食堂、体育馆等建筑，共计 22.8 万平方米。2010 年 9 月，沙河校区迎来了第一批学生入住。

沙河校区 2010 级本科生开学典礼

沙河校区二期建设：2009 年，北航第十五次党代会提出了“实施‘一流校园工程’，重点建好沙河校区”的工作部署，指出沙河校区作为学校基础教育和科学研究的重要组成部分，是校本部的延伸和扩展，将沙河校区功能定位调整为“基础教育基地和高端科研基地”。北航在对校区核心区规划方案优化的基础上，启动并完成了一系列标志性的校园建设项目：2011 年 12 月 25 日，航空科学与技术国家实验室（筹建）奠基仪式举行；2014 年 11 月、2017 年 1 月，沙河校区主楼一期、二期工程先后竣工，成为沙河高教园区地标性建筑。

2007 年 10 月，沙河校区暨航空科学与技术国家实验室建设开工仪式举行

沙河校区三期建设：2018 年，在“双核发展”理念指引下，沙河校区的功能定位得到进一步提升，即“航空航天优势突出，材料制造实力雄厚，交通科学跨越发展，卓越理科大幅提升”的创新人才培养和前沿科学研究基地。沙河校区也从应对大学扩招的纯教学型校区调整为科教综合型大学校区，同时进一步优化了校园规划布局。在

2011 年 12 月 25 日，航空科学与技术国家实验室（筹建）奠基仪式举行

沙河校区书院式社区

研判沙河校区三期建设实施路径后，学校提出了 2018—2025 年的主要任务，即调整、建设、优化，以资源导向推动学院布局调整，以规划引领加快校园建设，以服务师生促进布局优化。

在沙河校区众多校园建设项目中，学生生活西区的“书院式学生宿舍食堂”堪称亮点，它也是北航学院路校区“新北社区”的“升级版”，是对北航首创的“宿舍食堂综合体”建设理念的延伸与拓展。这里的“书院”不同于中国传统意义上的“私塾院落”，而是在参考西方百年大学教学模式的基础上，结合中国高校教育的特点完成的一次有益探索。北航对它的解读是集住宿、自习、研讨、科技创新、食堂、购物等功能为一体的综合体学科建设模式，使师生们在一套完整体系下可以多维度地完成多任务的处理。从建筑维度而言，学生宿舍变成单元模式，各项资源共享程度更高，在设施配备上采用迭代滚动使用的逻辑。面对不断更新的高校人才培养模式，北航打破了以往单一的“物理班”的概念，将书院式学生社区作为高校新兴的育人平台，从组织定位及功能设计方面与“一站式”学生社区管理模式的发展产生着天然的化学反应。

硬件方面，书院式社区的配套设施融合了环保、共享、安全、人性、科技等现代化特征元素；软件方面，书院式社区秉承着以人文、服务为核心的管理理念，同时承担着创新创业、文娱活动、交流实践等课外育人第二阵地的教育要求。从文化浸润需求考虑，书院式生活社区是学校文化精神传递、学生自我管理、资源共享共建、创新创造发展的新平台。它旨在鼓励学生积极参与文化建设和社区公共事务管理，增强学生的社会责任感，激发学生关于自我成长及目标价值实现的主观能动性。该项目的建设过程也经历了难以想象的坎坷，开工初期恰逢 2020 年年初新冠肺炎疫情突发，项目是否复工、如何复工成为摆在学校建设管理团队面前的一个现实难题。面对不利困境，参建各方凝心聚力、勇于担当、精准施策，坚决筑牢疫情管控防线，积极推进复工复产，2020 年 2 月 12 日取得疫情防控期间复工批准，成为昌平区第一个复工的工程项目。这虽是历史，但表现了北航人在新冠肺炎疫情防控特殊时期的坚守与奉献，也是书写北航人彰显担当、勇于作为的庄重一笔。

最后，借北航校庆 70 年之机遇，本书回溯并总结北京航空航天大学的校园规划建设历程及成果，更立意于通过对北航校园标志事件与项目的讲述，展现其中所蕴含的北航的综合能力建设内涵与担当，这里不仅有北航建设者与管理者的睿智，也离不开百千设计者、建设者的奉献投入。北航校园内的每座建筑、每组景观，都在向人们诉说着“环境育人”的春风化雨及北航建设者们奋斗的意义，也正是有这种精神，这里才被塑造成每位北航人心中永恒的“我的大学”。祝福北京航空航天大学开启向世界百年名校坚实迈进的步伐，祝愿北航校园以提升能力建设为奋进目标，塑造每位北航师生的温暖家园。

本书编写组

2022 年 10 月

第一篇　校园规划建设发展回望

以校园建设的名义纪念北航建校 70 周年，旨在从校园建设历程中发现“故事”，从故事中梳理可思可忆的北航“事件”，更从事件中品读这珍贵史实中筑就的“坐标”。春秋代序，巍巍学府，具有中华人民共和国高校建设历史感的北航老校区，不仅有北航人创造的源源不断的人文之美与记忆根脉，更留下了不同凡响的校园建设的文化禀赋，它足以道出北航的建设及管理者在“功能集约”的综合理念下，所具有的高效的校园建设能力与环境营造的非凡技艺。

回望校园规划建设的特点

邹煜良　顾广耀

2022 年 10 月，北京航空航天大学迎来 70 年华诞，这对每位怀抱“空天报国”梦想的北航人而言都是意义非凡的。北航作为中华人民共和国成立后的第一所航空航天大学，经过历代北航奋斗者们的不懈拼搏与辛勤耕耘，始终向建设中国特色的世界一流大学的目标坚定迈进。70 年来，伴随着北航发展的一次次历史性跨越，北航校园建设工作者始终扮演着“排头兵”的角色。从 1953 年成立的北京航空学院基建委员会，到现在的校园规划建设与投资领导小组；从最早负责基建工作的北京航空学院第一办公室，到现在的北航校园建设工作者，他们始终秉持“空天报国”的北航精神，致力于筑造美好校园，营造一座座永不褪色且保障北航发展能力提升的校园建筑，以承载北航发展的记忆变迁。

从建校伊始凝聚前人睿智的“四楼八馆”到新时期建设的“八楼十六馆”，从引领高校建筑新理念的学院路校区“新主楼”到“双核驱动”的沙河校区主楼，每幢伫立在北航的经典校园建筑、每版校园规划蓝图，都是校园建设工作者为北航建设蓬勃发展挥洒青春的见证。校园建设工作者在建设实践中的点点滴滴汇成了一曲曲北航 70 年校园庆典的建设赞歌。

引言

大学是优秀科技文化的传承地，更是城市社会文化发展的时代风向标。在北航 70 载时光创下多项中华人民共和国第一的成绩面前，北航校园建设经验尤其值得书写。

如果说大学文化与城市文化相辉映、大学是创智源泉及思想生产的策源地，那么校园恰是沃土，它构建了高校智力与知识的科学与人文空间。中华人民共和国成立后建设的北航，也许与清华、北大这些有百年文脉的校园不同，缺少 1949 年前的近代校舍建筑与名人故居，但北航校园建设的奇迹，来自有历程、有来路的中国第一代建筑师的设计贡献。因此完全可以自豪地讲，北航校园建设也有“大作品”，北航建筑的最大荣耀来自新中国高校建设的珍贵历程与贡献。

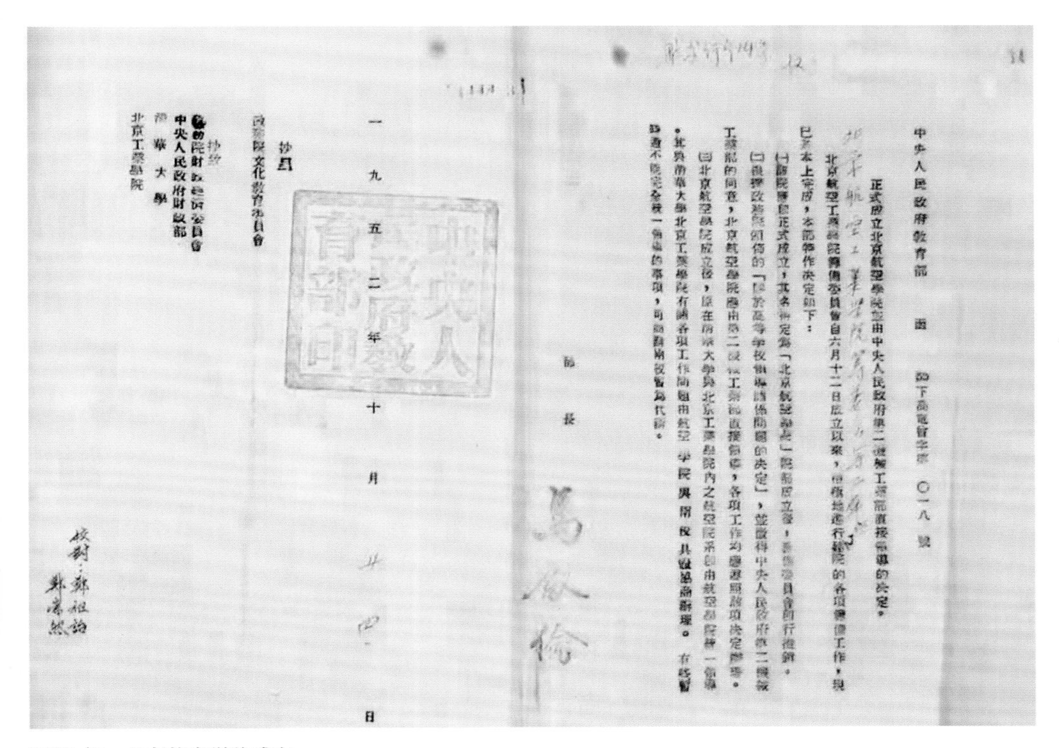

中央人民政府教育部　函　〇一八號

正式成立北京航空學院並由中央人民政府第二機械工業部直接領導的決定。

北京航空工業學院籌備委員會自六月十二日成立以來，積極地進行該院的各項籌備工作，現已基本上完成，本部特作決定如下：

(一)該院應即正式成立，其名稱定為「北京航空學院」。

(二)根據政務院頒佈的「關於高等學校領導關係問題的決定」，並徵得中央人民政府第二機械工業部的同意，北京航空學院應由第二機械工業部直接領導，各項工作均應遵照該項決定辦理。

(三)北京航空學院成立後，原在清華大學與北京工業學院內之航空院系即由航空學院統一領導。其與清華大學北京工業學院有關各項工作問題由航空學院與兩校具體協商辦理。

部長　馬敘倫

抄呈　政務院文化教育委員會

抄送　政務院財政經濟委員會　中央人民政府財政部　清華大學　北京工業學院

一九五二年十月廿四日

1952 年，北京航空学院成立

1952 年 10 月 25 日，在清华大学航空工程学院和四川大学航空系、北京工业学院航空工程系合并的基础上，中华人民共和国第一所航空航天大学——北京航空学院 (1988 年 4 月改名为北京航空航天大学) 成立了。1953 年 5 月，北航在北京西北郊海淀区柏彦庄选定校址后，同年 6 月 1 日正式动工建设。由此，20 世纪 50 年代以北航为代表的“八大学院”以学院路为轴，陆续兴建。

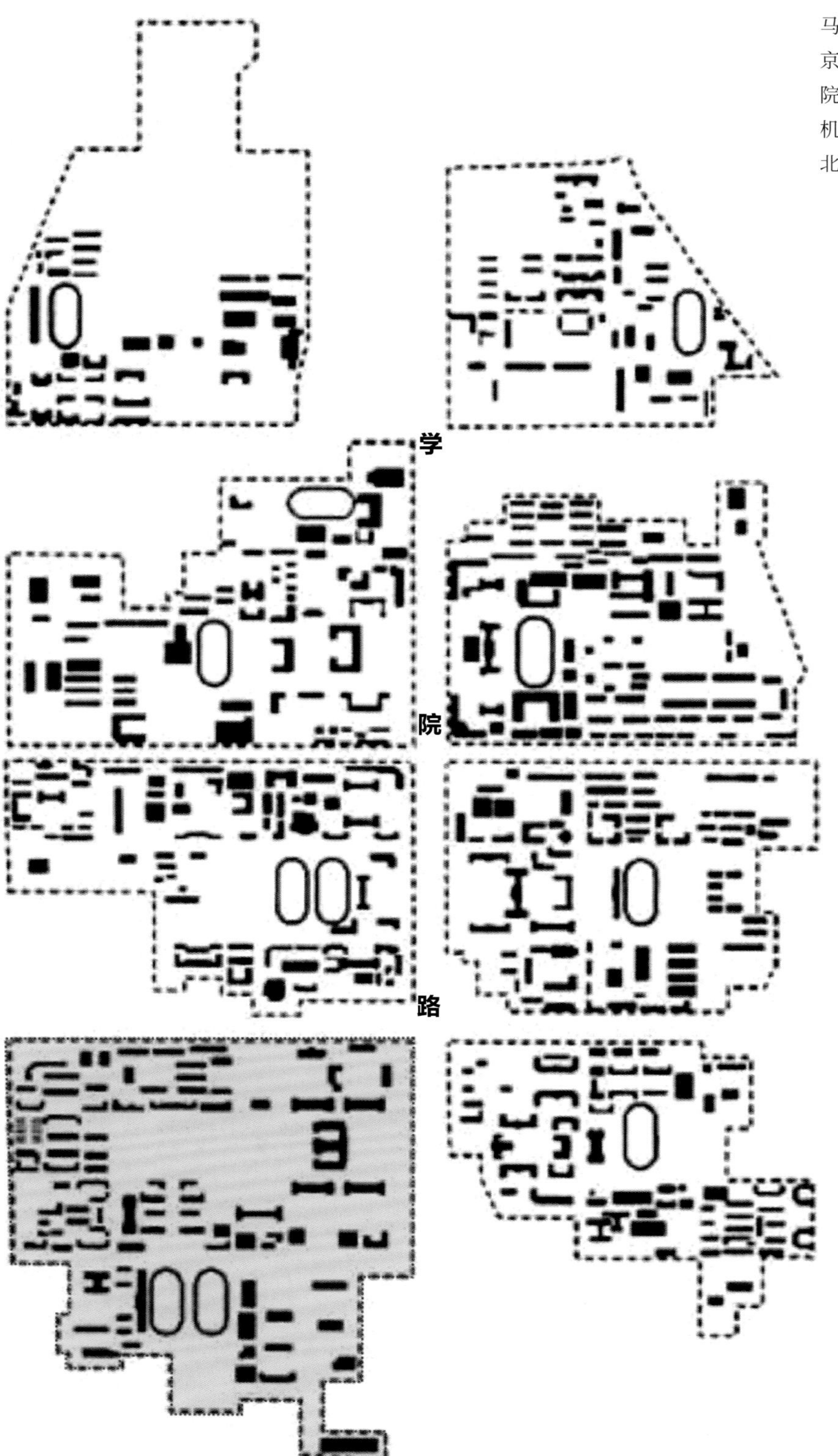

马路西侧，从北到南依次为北京林学院、北京矿业学院、北京地质学院、北京航空学院；马路东侧，从北到南依次为北京农业机械化学院、北京石油学院、北京钢铁学院、北京医学院

发动机系楼（现三号楼）

经过70年的持续建设，北航校园总建筑面积已达233万平方米（含北航沙河校区），在跨越式发展的数字背后，是北航校园建设科学规划、步步为营、敢想敢拼的精神体现。以北航整体发展为脉络，其校园建设主要分为5个阶段：建校创业阶段（1952—1965年）、探索实践阶段（1966—1977年）、开放转型阶段（1978—2000年）、跨越发展阶段（2001—2016年）、卓越提高阶段（2017年至今）。在各个不同的历史阶段，北航的校园整体规划及建设均呈现出不同的创新特质，其中有对北航历史建筑的科学

原发动机系附楼，已被拆除

修缮与创新传承，更涌现出极具时代特色的高校建筑作品典范。本篇从校园建设维度上，以部分北航经典校园建设项目为例，挖掘不断演进的北航校园建设创新观及北航校园建设史上的“亮点”。

一、学院路校区——中国航空教育摇篮

1953 年 6 月 1 日是个特别的日子，它是北航校园建设破土动工日。此前，北航已正式成立，但由于无校舍，师生们只能分散借居，有的住清华大学，有的住北京工业学院西郊部分（车道沟），还有的住北京工业学院城内部分（原中法大学）。初建的北航在北京元大都故城蓟门遗迹畔的柏彦庄选定了校址，尽管当时有各界人士质疑，但学校决定，无论如何要在 1953 年内迁入新校舍教学。北京市将北航基本建设列入重点工程，确定其为 20 世纪 50 年代“八大学院”之首，主要项目由北京市建筑设计院（以下简称北京建院）设计，建工局第五、六分公司等施工。数千人日夜奋斗，半年之内就开工建设了包括飞机系楼（现一号楼）、静动力实验室（现第五馆）、风洞馆（现第六馆）等超过 6 万平方米的建筑与道路工程，到 1953 年 10 月完成了约全年 93%

刚完工的风洞馆

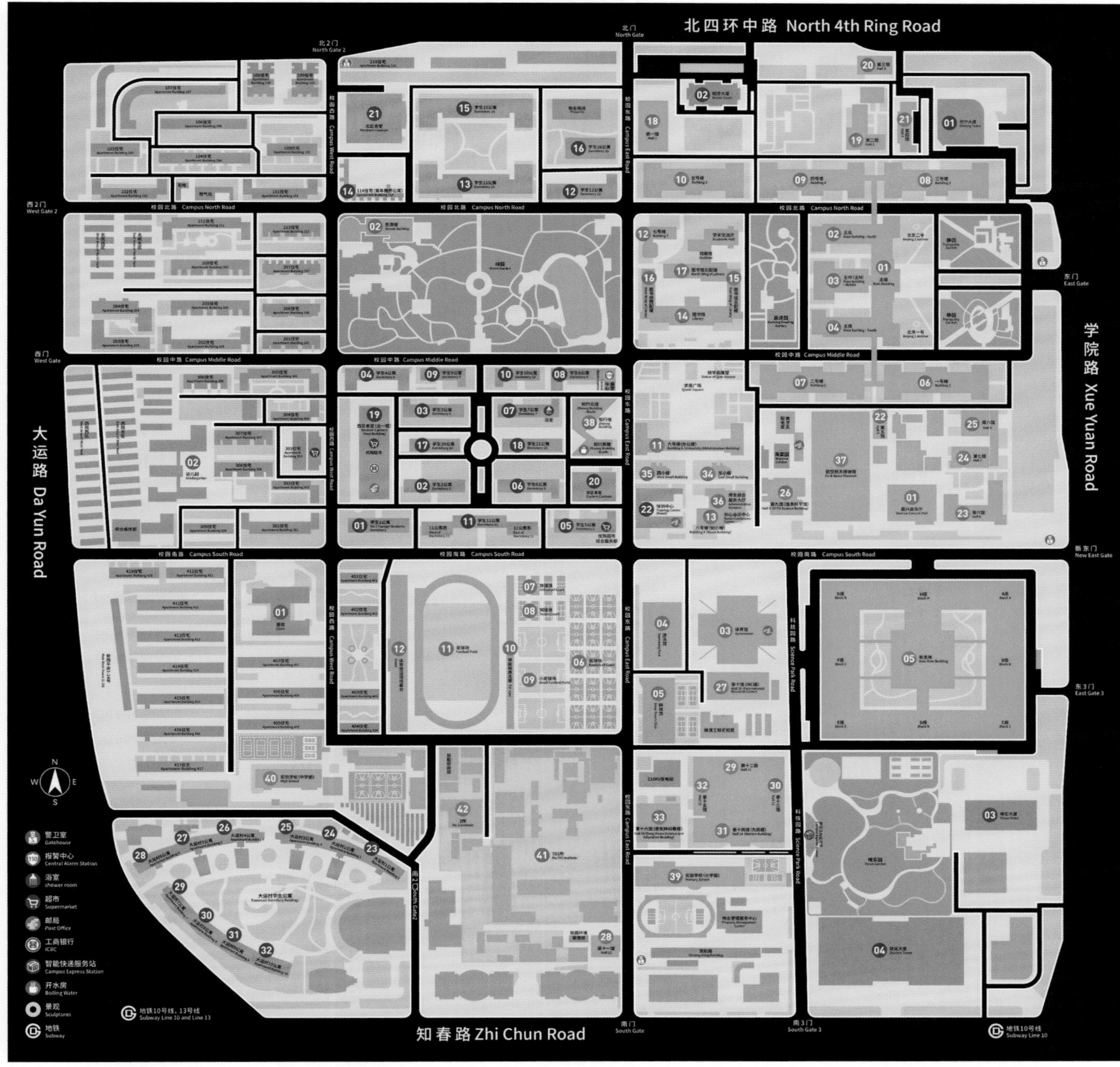

北航学院路校区平面图

教学科研区

01. 主楼
02. 主北
03. 主中（主 M）
04. 主南
05. 新主楼
06. 一号楼
07. 二号楼
08. 三号楼
09. 四号楼
10. 五号楼
11. 六号楼（办公楼）
12. 七号楼
13. 八号楼（如心楼）
14. 图书馆
15. 图书馆东配楼
16. 图书馆西配楼
17. 图书馆北配楼
18. 第一馆
19. 第二馆
20. 第三馆（校友之家）
21. 第四馆
22. 第五馆
23. 第六馆
24. 第七馆
25. 第八馆
26. 第九馆（逸夫科学馆、校史馆）
27. 第十馆（IRC 楼）
28. 第十一馆
29. 第十二馆
30. 第十三馆
31. 第十四馆（为民楼）
32. 第十五馆
33. 第十六馆（曾宪梓科教楼）
34. 东小楼
35. 西小楼
36. 师生综合服务大厅
37. 航空航天博物馆
38. 知行楼
39. 实验学校（小学部）
40. 实验学校（中学部）
41. 701 所
42. 2 所

学生生活区

01. 学生 1 公寓
02. 学生 2 公寓
03. 学生 3 公寓
04. 学生 4 公寓
05. 学生 5 公寓
06. 学生 6 公寓
07. 学生 7 公寓
08. 学生 8 公寓
09. 学生 9 公寓
10. 学生 10 公寓
11. 学生 11 公寓
12. 学生 12 公寓
13. 学生 13 公寓
14. 114 住宅（青年教师公寓）
15. 学生 15 公寓
16. 学生 16 公寓
17. 学生 20 公寓
18. 学生 21 公寓
19. 西区食堂（合一楼）
20. 东区食堂
21. 北区食堂
22. 培训中心
23. 大运村 1 公寓
24. 大运村 2 公寓
25. 大运村 3 公寓
26. 大运村 4 公寓
27. 大运村 5 公寓
28. 大运村 6 公寓
29. 大运村 7 公寓
30. 大运村 8 公寓
31. 大运村 9 公寓
32. 大运村 10 公寓

文娱活动区

01. 晨兴音乐厅
02. 思源楼
03. 体育馆
04. 游泳馆
05. 网球馆
06. 篮球场
07. 排球场
08. 网球场
09. 小足球场
10. 体能锻炼走廊
11. 足球场
12. 体育馆运动场看台

科技园

01. 世宁大厦
02. 柏彦大厦
03. 唯实大厦
04. 致真大厦

家属区

01. 医院
02. 幼儿园

北航学院路校区沙盘展示

的任务，结束了师生员工分散借居的状况，也保障了师生教学与生活用房的基本需求。当时负责基建的王大昌（后任北京航空学院院长）回忆道：“尽管当时条件不够好，可大家都精神饱满，为着今天的航空学院而努力学习着、工作着。”

四个月建成的北航校园尽管是“雏形”，但确实创造了一个奇迹，它是中华人民共和国高校建设史上的丰碑，同时它留下的文化遗产是与校园建筑同样精彩的以苦为乐、以校为家的北航精神。

学院路校区老主楼与新主楼

始建于 1955 年的北航主楼（原教 12 楼）是北航校园内的第一座大型主体建筑，建筑面积约 2.9 万平方米（含主南、主北），在 20 世纪 50 年代极为艰苦的建设条件下，它的成功落成实属不易，代表了那一代北航人对祖国未来航空事业的憧憬。主楼古朴沉稳，巍峨端庄，以南北两裙楼为辅，如鲲鹏展两翼，颇为壮观。主楼东向正门门廊上方悬挂的毛主席题词红色匾额“为人民服务”，正是北航为国而生、与国同行，始终以服务广大人民、服务国家战略需求为己任的真实精神的写照。时值建校 70 周年之际，学校对主楼进行了保护性改造，以实现“强筋健骨、延年益寿、使其见新”的效果。改造后的主楼定位为现代教育教学中心。

如果说老主楼是第一代北航建设者为学校建设发展交出的完美答卷之一，那位于主楼正南向约 300 米的另一栋宏伟建筑则是彰显当代北航建设精神的重要图腾。进入 21 世纪后，随着学科建设的飞速发展，北航亟须建造一座集教学、科研为一体的高标准、智能化教学楼，以适应北航综合能力的提升。于是，2003 年新主楼立项并交北京市建筑设计研究院承担设计工作，2004 年完成全部设计并启动施工，2006 年 9 月建成交付使用。

北航与北京住总集团在人民大会堂举行了东南区教学科研楼（现新主楼）建设合同签约仪式

2003 年 12 月 27 日，时任北航党委书记杜玉波、校长李未等一行出席新主楼奠基仪式

新主楼奠基仪式

建设相隔 50 余年的北航新老主楼

老主楼

新主楼占地面积 64 308 平方米，建筑面积 22.6 万平方米，集成了现代化的智能楼宇控制系统，是当时亚洲最大的单体教学科研楼。北航新主楼的典范作用不仅在于其建筑本身的创新价值，更在于整个项目全链条的执行过程对北航基建系统的管理理念、质量把控、建设标准各方面产生的引领作用。

新主楼的建设第一次将“校园建筑综合体”的概念引入了高校建设中。新主楼设有会议中心、报告厅、小型会议室，有车库、实验室、教室、办公空间等。重要的是，伴随着新主楼的建成，此后的北航校园建设以此为标准，不断扩展综合体的设计建设理念，并结合不同项目加以演进和更新，建成了一系列有北航特色且具有高校普适性的“综合体”理念下的校园新建筑。

新主楼

北航三号楼——“延年益寿”的修缮典范

2018 年，在中国文物学会、中国建筑学会的联合推介下，北航学院路校区老建筑群即老主楼及一至四号楼等入选“第三批中国 20 世纪建筑遗产项目”，三号楼既是其中的典型代表，也创造了“保育活化”的设计修缮经验。

三号楼竣工于 1954 年，当时又称发动机系楼，是北航建校初期最早建成的建筑之一，主要承担教学实验功能，建筑面积 8 910 平方米，占地面积 2 509 平方米，建筑高 17.1 米，地上共有 4 层。它无疑是中国 20 世纪建筑遗产中耀眼的新中国高校建筑项目之一。因已使用 60 多年，近年三号楼已不能满足抗震检测要求，且无法更好地适应现代化教学的使用需求，于是，2019 年 9 月，学校对三号楼启动历史建筑“延寿改造”工程，并于 2020 年 5 月完成施工并投入使用。本着“延年益寿”的修缮设计理念，使

三号楼一角

三号楼檐口

三号楼

三号楼的焕然一新得到展示的同时，还让人从细节处仍可处处寻到与历史对话的空间场景。在项目前期的设计中，学校在校领导的支持下举行过多次项目论证会，邀请了国内遗产保护界、建筑界等的专家学者为项目把关，得到很多有益的指导和建议。从改造的成果来看，作为学院路老教学区第一个延寿改造项目，三号楼延寿改造项目为后来的校园历史建筑改造积累了宝贵经验，起到了示范作用，至少对 20 世纪 50 年代“八大学院”的 20 世纪遗产“保育活化”修缮利用起到借鉴作用。

在具体设计建设过程中，项目团队既尊重原始建筑风貌，保留原有主视觉元素，又在达到新旧风格协调一致的同时，不突兀地嵌入现代化设施，提升建筑的使用品质。设计师从传承与创新的角度出发，理解学校的用意，尤其保留了三号楼几个空间的标志性历史要素。① 立面风格的延续与重塑。三号楼原“水刷石”外立面已难以被辨识，在完全保留建筑立面样式的基础上，选用有自洁功能的新式外立面材料，使改造后的三号楼整体呈现出质朴、厚重的特征；② 三号楼主入口门厅极富历史底蕴，将原水磨石地面进行抛光打磨，对楼梯木质扶手进行修复翻新，二层藻井吊顶由传统手工匠人彩绘勾勒，保留门厅藻井、水磨石地面，并对屋檐斗拱、走廊等进行修缮；③ 对承载历史记忆的阶梯教室，最大限度地保留原建筑水泥地面和钢木制弧形座椅的原始风貌，对原来楼内已无法使用的桌椅进行再加工使用，打造具有传统风貌的现代化教学空间等。

三号楼楼道

三号楼台阶

学院路学生社区的演进——校园南区—大运村—新北社区

自建校以来，北航学院路校区的学生生活区以南区为主，现有布局与初步规划相比变化较小，最早规划 10 栋建筑，后来又增加了 1 栋，整个南区一共 11 栋楼，从学生 1 公寓到 11 公寓，楼号叫法延续至今，位置也未变，只是某些建筑经过历次改造，在楼高和外立面结构上有一些变化。

北航大运村学生公寓是北航学生社区总体规划中的重要“版图”。20 世纪末，为了满足第 21 届世界大学生运动会住宿的需求，北京市政府向北航征用了建设用地，用于大运村建设，并于 2001 年建设完成。2001 年，第 21 届世界大学生运动会结束后，大运村的这些建筑改建为学生公寓，除北航外，还有北京师范大学、北京邮电大学共三所学校的学生入住。2007 年，北航以回购形式买下大运村学生公寓，用作北航学生的专用公寓。大运村园区一共有 12 栋建筑，总建筑面积约 25 万平方米，北航回购的学生公寓在其中约占 12 万平方米。后经过多年努力，大运村学生公寓才完全“北航化”。目前大运村北航学生公寓约有 3 000 多个房间、13 000 个床位。这对北航的住宿功能是十分重要的补充。

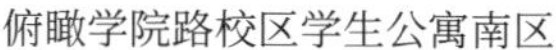
俯瞰学院路校区学生公寓南区

学生 1 公寓（留学生公寓）

进入“十三五”建设时期，“建设、整治、提升”成为这5年建设的关键词。学校《和谐校园“大爱润航”专项规划》中提出，要“加大基础设施建设投入，完善教学、科研、生活设施，优化办学资源，为学校办学能力和科研能力的提升提供基础保障。” 经过统筹谋划和协调搬迁，学校拆除了学生12、19公寓（现16公寓）及114楼外北区的全部建筑，学院路新北社区宿舍食堂项目被提上日程。该项目于2016年下半年启动，2019年完工并投入使用。从早期单一功能食宿型宿舍到综合型、社区型宿舍，北航终于迎来了集生活、服务、交流于一体的书院式宿舍，建成了一体化的社区、宜居的景观绿地、创新创业平台及文化传承基地等。

“新北社区”除了关注设施配套的硬件提升，同样重视文化内涵及环境育人的效果，致力于建筑人文底蕴的发掘和传承。“新北社区”的建设引发了学校对校园建筑综合体演进与发展的思考，尤其在锤炼高品质的学生生活区方面，通过空间优化与功能布局来契合书院式社区发展的时代要求。随后的沙河校区“书院式社区”的建设，对“新北社区”的建设理念进行延续和进一步升级。

大运村学生公寓

新北社区

映射校园历史变迁的北航“两馆”

（1）北京航空航天大学图书馆

北航的图书馆始建于 20 世纪 50 年代初，前身为北京航空学院图书馆，早期位于一号楼二层。学院路校区图书馆目前的馆舍建成于 1986 年，2002 年进行了扩建改造，建筑面积现约 2.8 万平方米。20 世纪 80 年代图书馆的设计单位是第三机械工业部第四设计院（现中国航空规划设计研究总院有限公司前身），建筑整体构造比较传统，中间是图书馆主楼，两侧是两个配楼，三个块形建筑并排而列，颇有工业建筑的特色。而后，为进一步扩大馆藏图书数量，满足师生阅读、学习需求，学校对图书馆东西配楼进行了加层建设，并于 2002 年北航 50 年校庆前进行了改扩建，仍由机械工业部第四设计院进行设计。

（2）北京航空航天博物馆

北京航空航天博物馆的前身是“北京航空馆”，建成于 1985 年，其建筑空间主要承担北航教学展示及向公众普及航空航天知识的功能。博物馆建成后，主展区在室外，称“停机坪”，保存了数十架实体飞机，整个展区用彩钢板大棚围合起来。2010 年，学校开始建设北京航空航天博物馆，历经两年，2012 年北航 60 年校庆时，该馆正式落成开馆。该馆最大的特点是将“停机坪”改成了室内展馆，展区面积达 8 300 多平方米。其中赫赫有名的“黑寡妇”战机（P-61 战斗机）是二战时期美国设计制造的第一架夜间重型战斗机，全世界现存仅两架，一架在美国俄亥俄州的空军国家博物馆，而另一架就在北京航空航天博物馆。此外，还有一件藏品见证了北航在中华人民共和国航空史上的重要贡献，即“北京一号”。它是 1958 年经周恩来总理亲自批示，由北航师生员工自行设计和制造的我国第一架轻型旅客机，1958 年 9 月 23 日在北京首都机场首飞成功。“北京一号”同“北京二号”“北京五号”分别创造了中国航空航天史上的三个“第一”——中国第一架轻型旅客机、第一枚液固两种推进剂探空火箭、第一架无人驾驶飞机。2022 年，北京航空航天博物馆被定为 2021—2025 年度第一批全国科普教育基地，积极落实对接学校内外的课后服务需求，加强科学精神和科学方法的宣传。

北京航空航天大学图书馆

北京航空航天博物馆

二、沙河校区——“双核发展”北航校园新里程碑

北京航空航天大学沙河校区位于北京市昌平沙河高教园区，占地面积约 97 万平方米。沙河校区的建设是学校办学延伸与拓展的重要基石，学校持续深化“双核发展”理念，推进校区布局调整，以“智慧北航、平安北航、温暖北航”的发展策略为目标，成功筑造了北航发展史上重要的里程碑。

跨越式转型——突破办学空间的制约

2007 年 10 月 13 日是北航沙河校区开工建设的典礼日，因天空阴云密布且下了大雨，眼看典礼组织者们要在大雨中开工了，但上午十时钟声响起的那一瞬间，天空放晴，大雨骤停，参加典礼的人们尽开喜颜，开工仪式在欢快的乐曲声中如期举行。2011 年，北航完成一期建设任务，所建建筑全面投入使用。经过 10 多年的建设发展，沙河校区先后完成沙河校区主楼、西区宿舍食堂等工程，截至 2022 年 9 月，沙河校区总建筑面积达 65 万平方米，校区办学条件日趋完善，为人才教育能力提升和科研水平跨越式发展奠定了能力建设的基础。

2002 年，华南理工大学何镜堂院士团队编制了沙河校区第一版校园规划方案，此

北航沙河校区大门

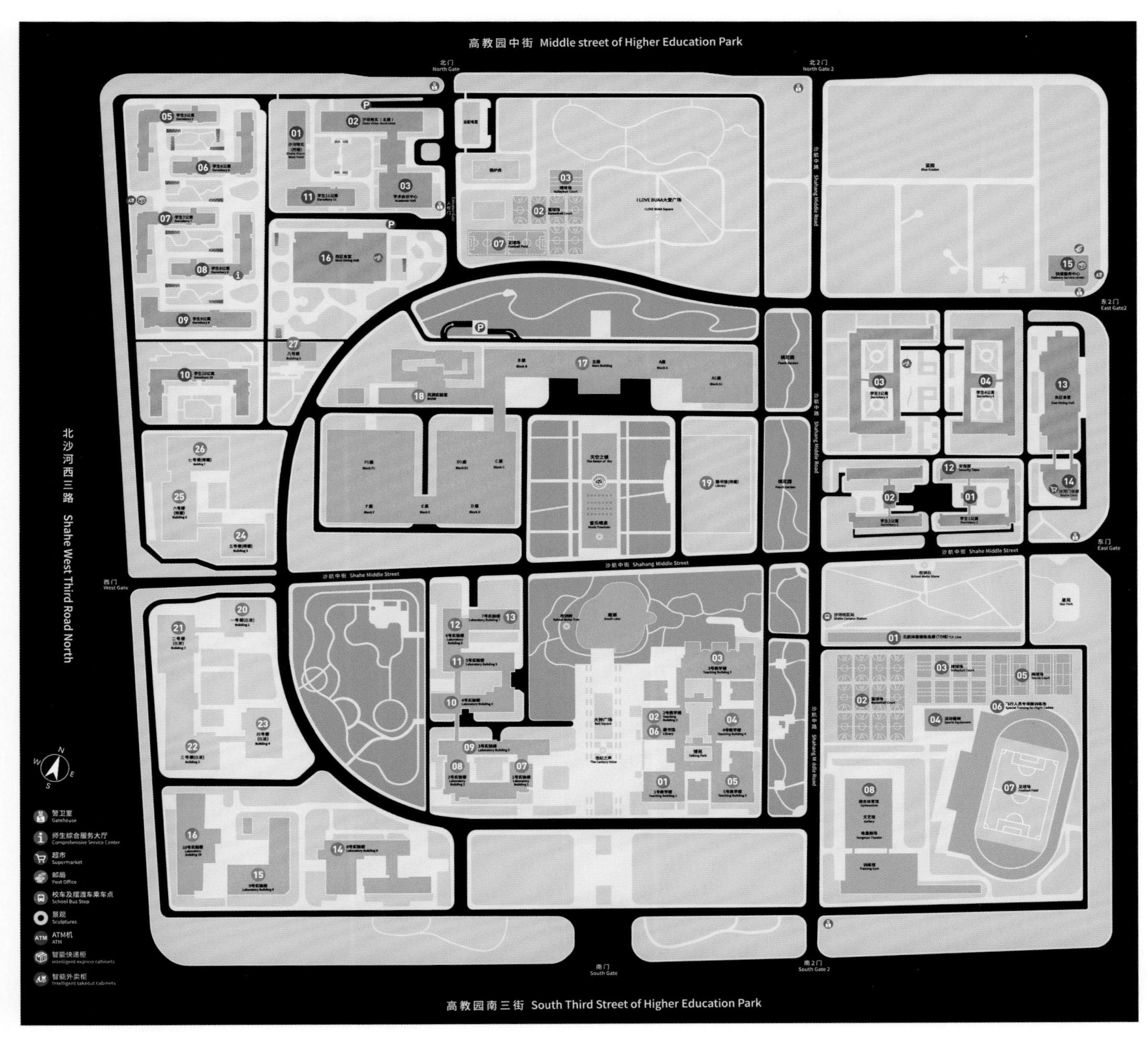

沙河校区平面图

教学科研区

01. 一号教学楼
02. 二号教学楼
03. 三号教学楼
04. 四号教学楼
05. 五号教学楼
06. 图书馆
07.1 号实验楼
08.2 号实验楼
09.3 号实验楼
10.4 号实验楼
11.5 号实验楼
12.6 号实验楼
13.7 号实验楼
14.8 号实验楼
15.9 号实验楼
16.10 号实验楼
17. 主楼
18. 风洞实验室
19. 图书馆（待建）
20. 一号楼（在建）
21. 二号楼（在建）
22. 三号楼（在建）
23. 四号楼（在建）
24. 五号楼（待建）
25. 六号楼（待建）
26. 七号楼（待建）
27. 八号楼

学生生活区

01. 学生 1 公寓
02. 学生 2 公寓
03. 学生 3 公寓
04. 学生 4 公寓
05. 学生 5 公寓
06. 学生 6 公寓
07. 学生 7 公寓
08. 学生 8 公寓
09. 学生 9 公寓
10. 学生 10 公寓
11. 学生 11 公寓
12. 安保部
13. 东区食堂
14. 沙河门诊部
15. 快递服务中心
16. 西区食堂

文娱活动区

01. 北航体能锻炼走廊（TD 线）
02. 篮球场
03. 排球场
04. 运动器械
05. 网球场
06. 飞行人员专项器训练场
07. 足球场
08 综合体育馆

校区配套服务区

沙河唯实（西楼）
沙河唯实（北楼）
学术会议中心

后沙河校区经历了三个建设发展周期：一期（2007—2011 年），以满足本科低年级基本办学条件为目标，建成学生宿舍、食堂、教学楼、实验楼等建筑；二期（2012—2017 年），以打造“顶级平台工程”为目标，建成沙河校区主楼（筹备国家实验室）；三期（2017—2025 年），以推动两校区“双核发展”为目标，分两阶段（改造搬迁、建设搬迁）为沙河校区扩容。在各个建设周期中，项目的管理者、设计者、建设者们都为北航沙河校区的成功落成做出了贡献。

在经过第一个建设周期的紧张艰苦的校园建设后，2010 年 9 月沙河校区迎来了第一批学生入校，经过试运行，校区基本可以满足低年级学生的学习与生活需求。在第二个建设周期中，学校对沙河校区核心区规划方案进行了优化，2011 年 12 月 25 日，北航沙河校区主楼暨航空科学与技术国家实验室（筹建）项目奠基动工，2015 年 7 月、2017 年 1 月，主楼一期及二期建设任务完成。进入第三个关键建设周期后，2018 年 7 月，学校正式印发两校区布局规划，明确了学科布局方案，由以年级划分的横向切分向以学科划分的纵向切分转变，以学科为牵引实现航空宇航学科群和材料制造学科群相关

沙河校区主楼

学院整建制搬迁。沙河校区学生人数大幅增加，学生结构发生了调整。沙河校区进一步明确了定位：建成航空航天优势突出、材料制造实力雄厚、交通科学跨越发展、卓越理科大幅提升的创新人才培养和前沿科学研究基地。以此为标志，北航沙河校区已经从应对大学扩招的纯教学型校区调整为教学科研综合型大学校区。在第三周期中的"改造搬迁"阶段与"建设搬迁"阶段，沙河校区完成了多项代表性校园建筑配套项目。

2019 年 9 月，沙河校区主楼南侧"天空之镜"景观工程建成，景观面积达 2 万余平方米，其中水体面积约 3 500 平方米，绿化面积约 10 250 平方米，整个景观区域的绿化率近 50%。该区域四季常绿、三季有景，极大地提升了校区环境品质和师生工作、学习的舒适度，成为师生的"网红打卡地"。

主楼三期工程项目于 2019 年 3 月开工，2020 年 7 月完成配套景观，位于沙河校区主楼一期北侧，总建筑面积 17 721.27 平方米，为地上一层、地下二层，是集停车库、科研实验室于一体的建筑设施。沙河校区留学生公寓、学术会议中心于 2021 年 4 月开工，

北航沙河校区天空之镜景观

2022 年 4 月完工，总建筑面积 6.5 万平方米，是保障学校沙河校区留学生培养、加强中外文化交流融合的重要配套设施，旨在辐射周边，发力高端，填补高教园区学术交流场所的空白。学生 10 公寓、校区服务中心于 2021 年 7 月开工，2022 年 9 月竣工，总建筑面积 4.53 万平方米，新增园林绿化景观面积 1.6 万平方米。其中：校区服务中心地上 13 层，布局设置以开放办公、共享办公为主，最多可容纳近 392 人办公，满足“双核发展”下两校区机关人员的办公需求；学生 10 公寓地上 10 层，采用单元式设计理念，每个单元设有公共研讨室、公共晾晒区、公共卫生间，最多可提供 2 364 个床位。学生 10 公寓建成后，沙河校区全部宿舍建设到位，可满足约 1.7 万学生的住宿需求。

沙河校区一至四号楼新建项目（2 号教学科研组团），地上为 4 栋教学科研楼，地下为实验室及配套设施，将为第二批整体搬迁至沙河校区的学院（航空学院、材料学院、机械学院）及工程训练中心等提供办学场所，是集教学、科研、办公、图书阅览和交流共享等多种功能的校园综合体。项目总建筑面积 122 641 平方米，其中地上

北航沙河校区天空之镜夜景

2022 年 9 月 23 日，北航党委书记赵长禄、校长王云鹏一行共同为沙河校区四号楼主体结构封顶

77 216 平方米，建筑高 45 米，地上 10 层，地下 3 层。

项目于 2021 年 11 月启动土护降施工，2022 年 4 月总包进场开工，同年 9 月完成主体结构全面封顶，预计 2023 年竣工投入使用。沙河校区一至四号楼是推动两校区学科布局调整，助力学校“双核发展”的核心建设项目，旨在打造高教园区航空航天重器集中地。

书院式社区——学习生活一体化的全新生态

在沙河校区的校园建设中，最具人文精神的代表项目当属“书院式学生社区”。在沙河校区建设中，建设者发现，部分功能缺失与师生学习、生活需要的矛盾以及校区承载能力不足与承接非首都功能疏解需要的矛盾逐步呈现出来。随着近年入驻沙河校区的师生数量逐步增加，沙河校区亟须建设学生宿舍和食堂以满足学校基本办学功能，同时，由于部分学院整建制向沙河校区搬迁，需要配套建设研究生、博士生宿舍来满足不同类型学生的需求。为进一步提高沙河校区对非首都功能疏解的承接能力，发展壮大学校的教育事业，提高沙河校区基础办学设施的水平，根据学校十六届党委第 19 次常委会议决议，北航决定启动建设沙河校区学生社区建设项目。

沙河校区西区食堂

2020 年 11 月 3 日，时任北航党委书记曹淑敏、校长徐惠彬考察沙河校区西区宿舍食堂建设情况

根据沙河校区“功能完备、比例协调、布局合理、集约用地”的规划方案调整原则、入驻沙河校区的学生人员结构情况以及两校区功能定位和实际搬迁的需要，学校对沙河校区宿舍和食堂的规模需求进行了详细测算，对已纳入项目库的沙河校区学生宿舍和食堂项目规模进行调增，并按照“北京航空航天大学沙河校区学生宿舍”“北京航空航天大学沙河校区研究生宿舍项目”和“北京航空航天大学沙河校区食堂”三个项目启动建设。项目于 2019 年 8 月取得初步设计批复，2020 年 1 月正式开工建设，2021 年 5 月完工，并于 2021 年 9 月正式全面启用，比预定总工期提前了 16 个月。可以说，沙河校区“书院式学生社区”是在学院路新北社区宿舍食堂的基础上迭代演进而成的书院式宿舍食堂从 V1.0 走向 V2.0 的全新升级版。

沙河校区西区宿舍

从空间秩序布局构建上看，书院式学生社区是宿舍建筑群、配套设施、周边道路及景观环境的整体串联组织。大学生的饮食、购物、锻炼、休闲等日常需求在这一片区域中可以得到充分保障。书院式学生社区与当代大中型城市的成熟居民社区环境的配套水准基本保持一致。书院式学生社区的建设并不局限于单纯地提高硬件标准，建筑格局及细节对人文精神的塑造同样是设计理念的体现。从协同育人目标出发，书院式学生社区是党建引领、协同管理、队伍进驻、服务下沉的第二课堂的延伸。随着近年“一站式”学生社区综合管理模式的推进建设，书院式学生社区同样是课内外联动育人机制建设的空间依托，通过物理空间的提前规划，优化育人路径方式，实现专业教师、行政人员、辅导员等多方主体力量的下沉服务与积极交流，使得育人理念在社区环境中聚合集约，产生协同效应，充分发挥组织引领作用，帮助学生有效解决学习、生活及思想中的实际困难。

如果说中华文明是一部厚重的百科全书，那么书院就是最重要的文化载体，它作为传道授业之所，是历代学者及现当代学者格外关注的文化殿堂。北航沙河校区建设的“书院”体系，沿着其文脉使建筑布局在传统文化“礼乐相成”的思想中得到落实，在当代航空航天高新科技教育背景下，找到深厚的文化科技基础与师生的精神诉求，既体现尊师重教的传统，又使当代校园的院落空间阐发出“场所精神”，使师生有了特殊的畅意交流的自然与人文空间。从文化浸润需求考虑，书院式学生社区是学校文化精神传递、学生自我管理、资源共享共建、创新创造发展的新平台。书院式社区打破了单一的以学院、专业、班级为单位的空间格局，让更多不同专业背景的学生通力合作、实践活动和研讨交流，扩宽彼此的视野，培养学生们独立认知和思考的能力，鼓励学生积极参与文化建设和社区公共事务管理，增强社会责任感，激发学生对自我成长及目标价值实现的主观能动性。

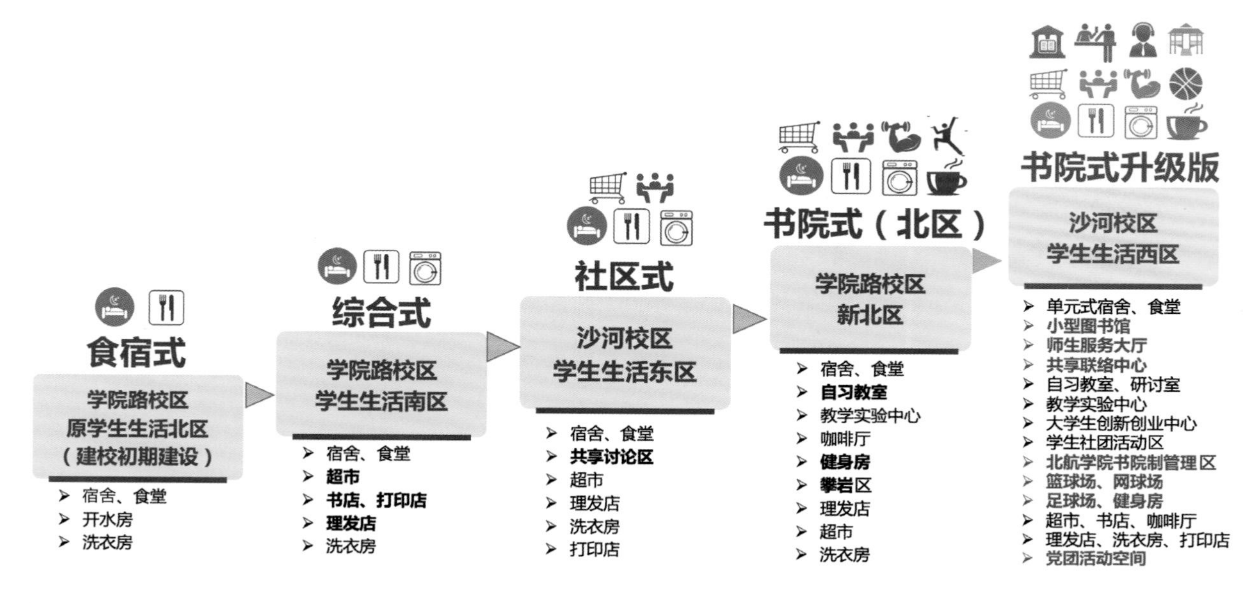

学生社区综合体的演进与发展

留学生公寓

学术交流中心

结尾

我们相信：北航的校园管理者与设计、施工、质监等建设工作者，亲身参与并见证着北航校园历史性的发展与变迁，这份回忆值得珍藏，这份荣耀值得拥有。同样，北航中的广大师生及置身北航校园中的外来参观者也定会有此同感及新发现。面对新时代，立足崭新的发展阶段，北航已然踏上新征程，正向高质量校园建设发展目标开始新一轮的冲刺。北航的基本建设人员也势必以开拓创新之思，继续用一幢幢伫立在北航校园的新时代楼宇，向为北航建设呕心沥血的前辈们致敬，为北航这片热土上学习、生活的师生们创造更好的设施保障，并以建设美好校园的名义向走过 70 载春秋的北京航空航天大学致以最诚挚的祝福！

作者：邹煜良　北京航空航天大学校园规划建设与资产管理处处长
顾广耀　北京航空航天大学沙河校区建设项目管理中心主任

第二篇　校园建设亲历者讲述

1983 年知识出版社出版的“中国著名高等院校概况丛书”中有《北京航空学院》一册，封面题字是老校长沈元的墨宝。1952 年 10 月 25 日，在没有校舍的情况下，中华人民共和国第一所以航空、航天为主的多学科理工科大学——北京航空学院成立了，它不仅是当时全国 16 所重点大学之一，1956 年还在全国科学技术远景规划下陆续增设了一批新专业。殊不知，北航不少的早期成就，是师生与研究者在四面透风的工棚里完成的，“自己动手，建设校园”的口号激励着勇于创新的北航人。北航是承载历史的新中国高校建筑的典型代表，这里既是建筑绘就的学生成长摇篮、是环境育人的课堂，也是建筑文化的物化，彰显着新中国校园建设的底色记忆。建筑中的北航，营造了充满生气和意象的校园时空。从本篇中，读者可看到北航建设亲历者在规划、设计、施工、管理诸方面的叙说。

两校区规划建设纪事

尚坤

北航是中华人民共和国成立以后建立的第一批高校之一，从诞生之初就肩负着振兴国家工业化的重要使命，学校 70 载的发展见证了中华人民共和国从百废待兴到繁荣昌盛，见证了祖国的航空航天事业从跟随模仿到自主创新，也见证了航空航天领域人才从屈指可数到群星璀璨。以服务国家重大战略为使命的红色基因流淌在北航人的血脉中，也篆刻在北航规划建设的一版版蓝图上。

一、筚路蓝缕：学院路与北京航空学院

中华人民共和国成立后，人民政府着手恢复被战争破坏的国民经济，建立社会主义基本经济制度，开展大规模的建设。1949 年 12 月，我国领导人明确指出：“我们必须在发展农业的基础上发展工业，在工业的领导下提高农业生产的水平。没有农业基础，工业不能前进；没有工业领导，农业就无法发展。” “要重工业，又要重人民”，并形成“以农业为基础，以工业为主导”的经济发展方针，后又提出“一化三改”的过渡时期总路线和总任务，其中“一化”即实现国家工业化。

为实现国家工业化体制，应对即将到来的经济建设的高潮，解决旧有的高等教育特别是工科教育的体系与独立完整的国家工业化体系的需求无法匹配的问题，中央政府决定进行高等学校的院系调整，按照苏联的高等教育集权管理、高等教育国有体制和高度分工的专门教育体系来建构中国的高教制度，建立农、林、地质、矿业、钢铁、医学、石油、航空八大专业院校，以此来推进中华人民共和国工业化最急需培养人才的八个理工专业。为了兴建校舍，政府在北京海淀西土城以东一带规划了一大块学区，

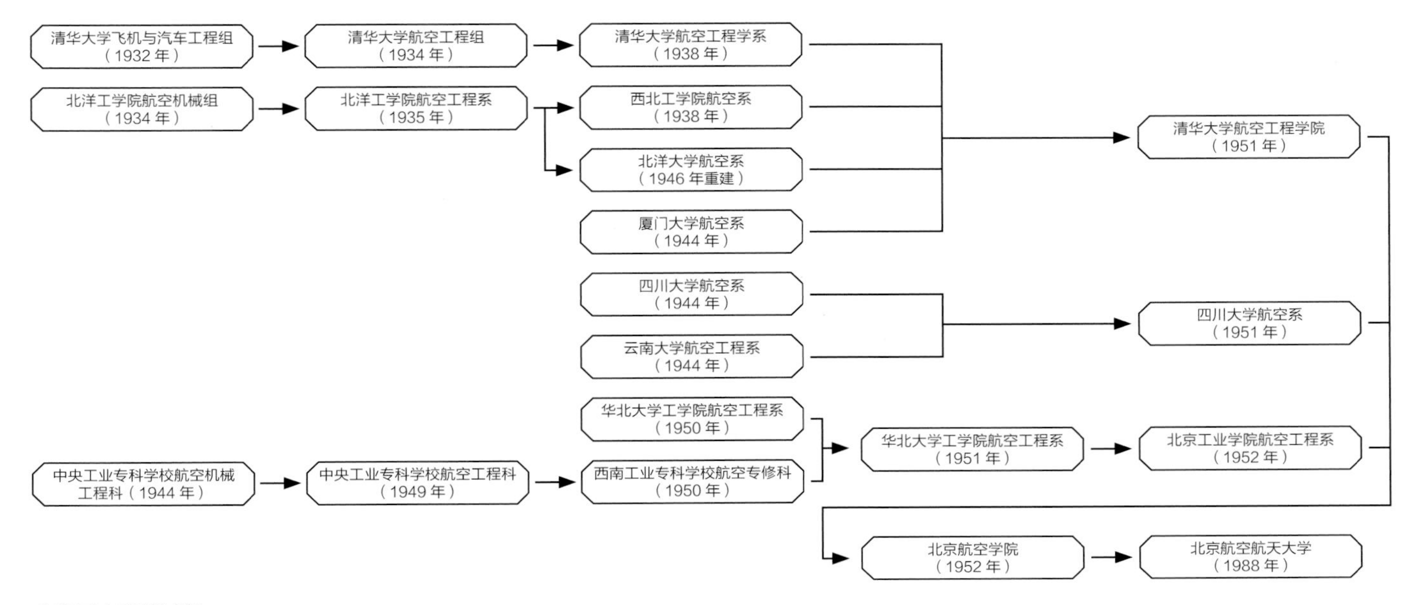

北航历史沿革过程

称学院区。学院区南起蓟门烟树，北至清华东路，全长 5.6 千米，衔接八大院校的这条路便称为学院路。

1950 年 6 月，时任教育部部长的马叙伦在第一次全国高等教育会议上首次明确提出：初步调整全国公私立高等学校或其某些院系，以便更好地配合国家建设的需要。于是，由当时的清华大学、北洋大学、西北工学院、厦门大学、四川大学、华北大学工学院、云南大学、西南工业专科学校八所院校的航空系合并，并经过两次调整组建形成“北京航空学院”，北航成为中华人民共和国第一所航空航天高等学府。

1952 年，北航以北京航空工业学院的名义，经过全国统考招收了首届新生。1952 年 10 月 25 日，北京航空学院成立大会在北京工业学院礼堂（原中法大学礼堂）隆重举行，在大会上，北京航空学院第一学年（1952—1953 年）宣布正式开学。然而，彼时的北航并无校舍，在京各航空院系仍使用原所在院校的校舍，四川大学航空系师生迁来北京后借用北京工业学院西郊的校舍暂住。

1953 年 5 月，北航正式选址于京西元大都遗址西北角的海淀区柏彦庄。1953 年 6 月 1 日，在当时还是一片荒芜的庄稼地上，学校第一批校舍正式破土动工。据北京航空学院

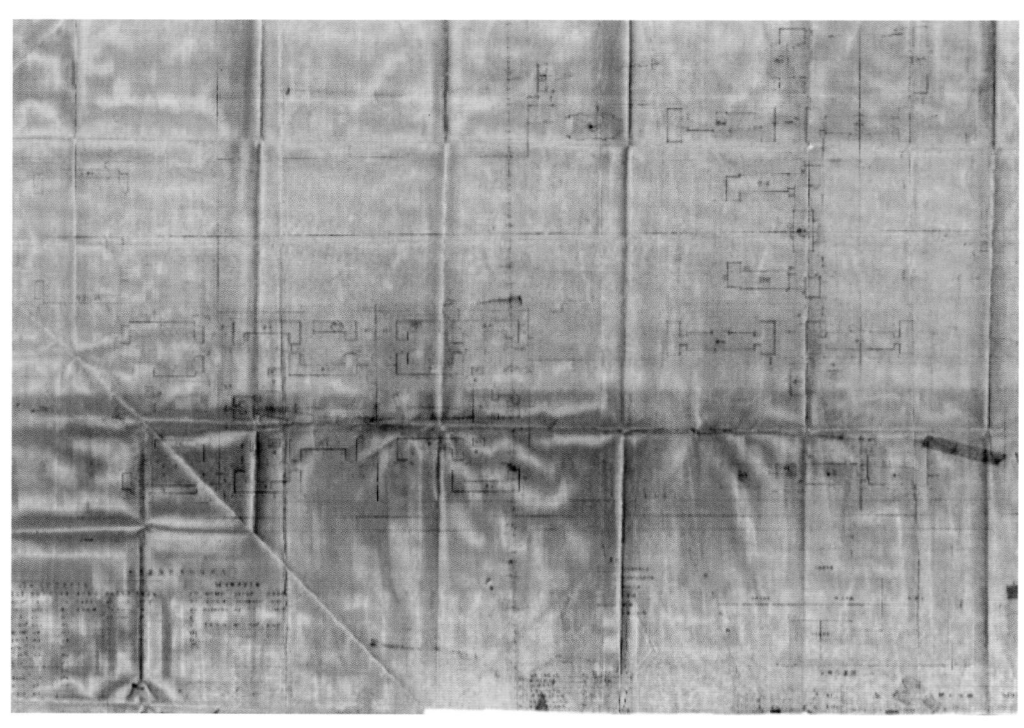
1954 年校园总平面图

首任院长武光先生回忆，当时北京市政府对北航的基建工程十分重视，北京航空学院的建设被列为市重点工程建设项目，除由五建、六建负责施工外，还抽调了北京市第二工程处的力量来承担增建施工任务，3 个施工单位组成的庞大建筑队伍人数多达 5 000 人。

从第一栋教学楼——一号楼动工开始，数千名建筑工人日夜奋战，半年的时间完成超过 60 000 平方米的建筑与道路工程，同年 10 月，全体学生及部分教职工即迁居新校，开始正常的学习与工作。继一号、三号教学楼之后，北航又相继启动了二号教学楼、四号教学楼、主北、主楼、主南等教学楼的建设。直至 1956 年 8 月，主楼及主南教学楼竣工，该区域全部建成，形成了学院路校区教学区。该教学区一直保持至今，其中的不少建筑目前已被纳入北京市第一批近现代优秀建筑保护名录及中国 20 世纪建筑遗产项目。截至 1957 年，北京航空学院计划内的建设任务基本完成，竣工面积 135 245 平方米，修建道路 64 160 平方米，完成投资 3 560 余万元。

在这一时期，学校编制了校园规划方案，用以指导建校工作的开展，从《北京航空学院整体布置图》中可以看出，建校早期，学院路校区就已经规划出功能分明的组团式

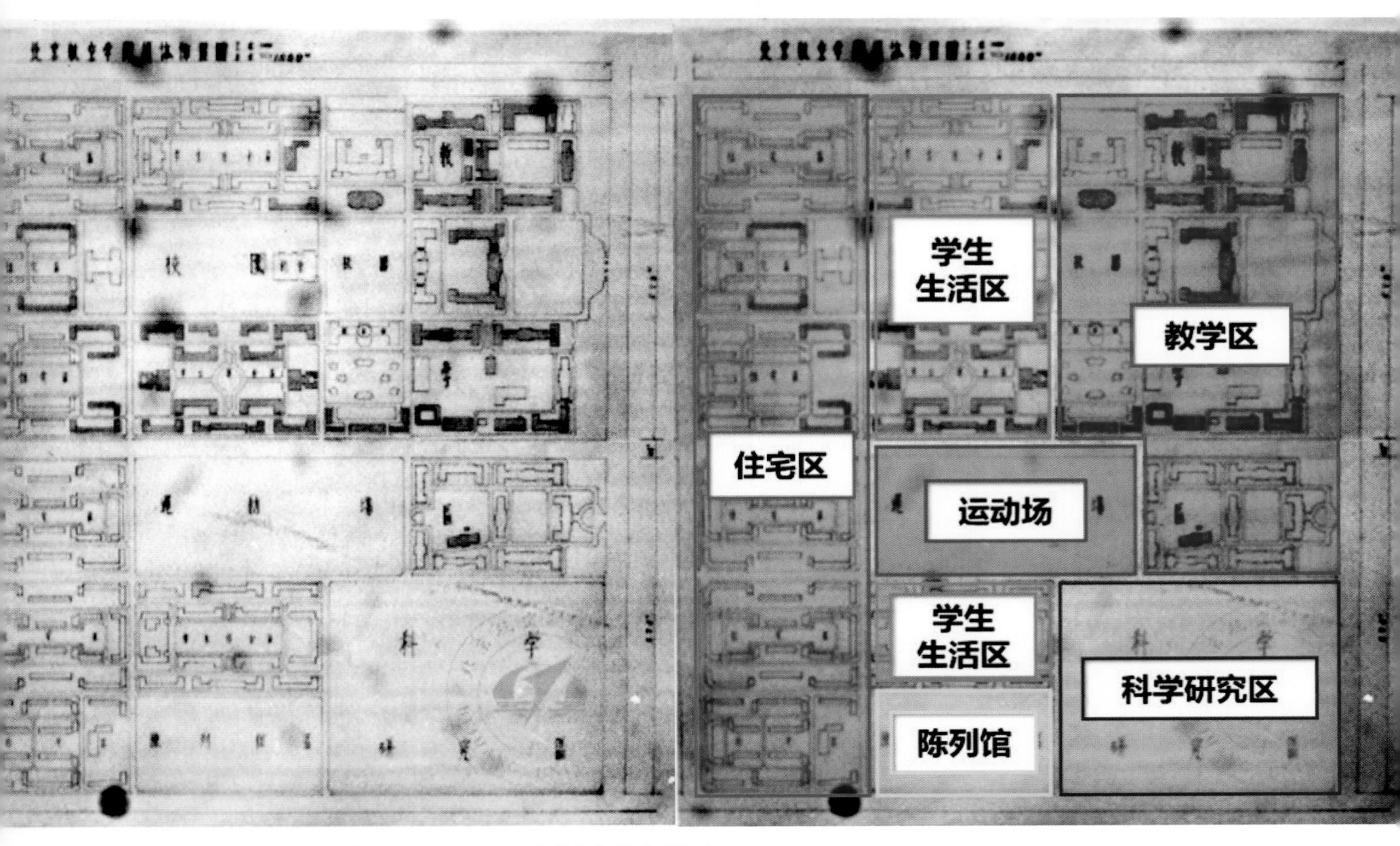

北京航空航天大学（时称：北京航空学院）1960—1970 年整体位置图（组图）

校园规划格局。建校初期的基础设施建设使北航的教学楼、宿舍、食堂、体育场等设施一应俱全，满足了学校的基本办学要求，为保障学校人才培养提供了最基础的条件。

二、艰苦办学：校区功能的补充和完善

1966—1976 年这段时间，北航的规划建设进入震荡期。20 世纪 70 年代，在原规划的南区学生生活区的范围内，大量建筑被见缝插针地建造，极大地破坏了校园的整体规划。虽然这一时期的校园规划和建筑品质都一言难尽，但在此情

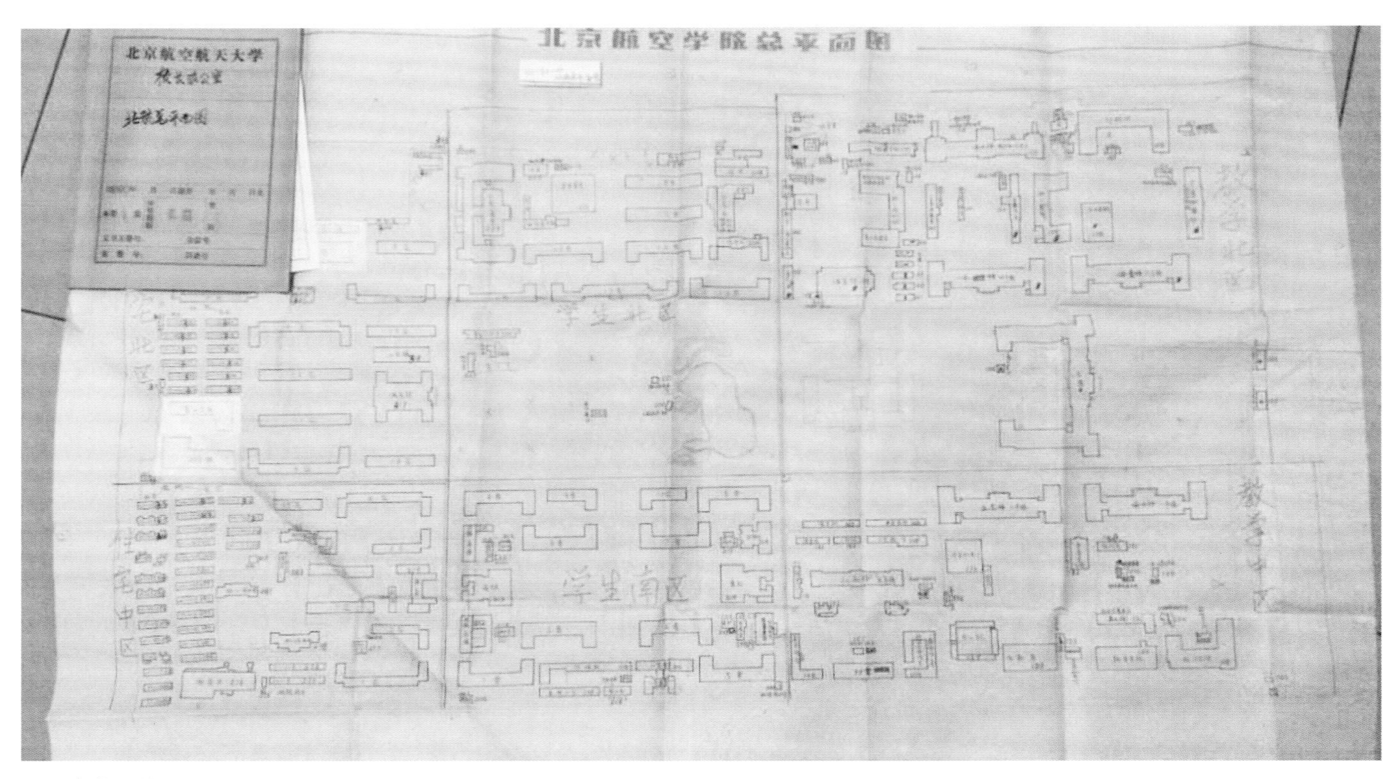

1975 年校园总平面图

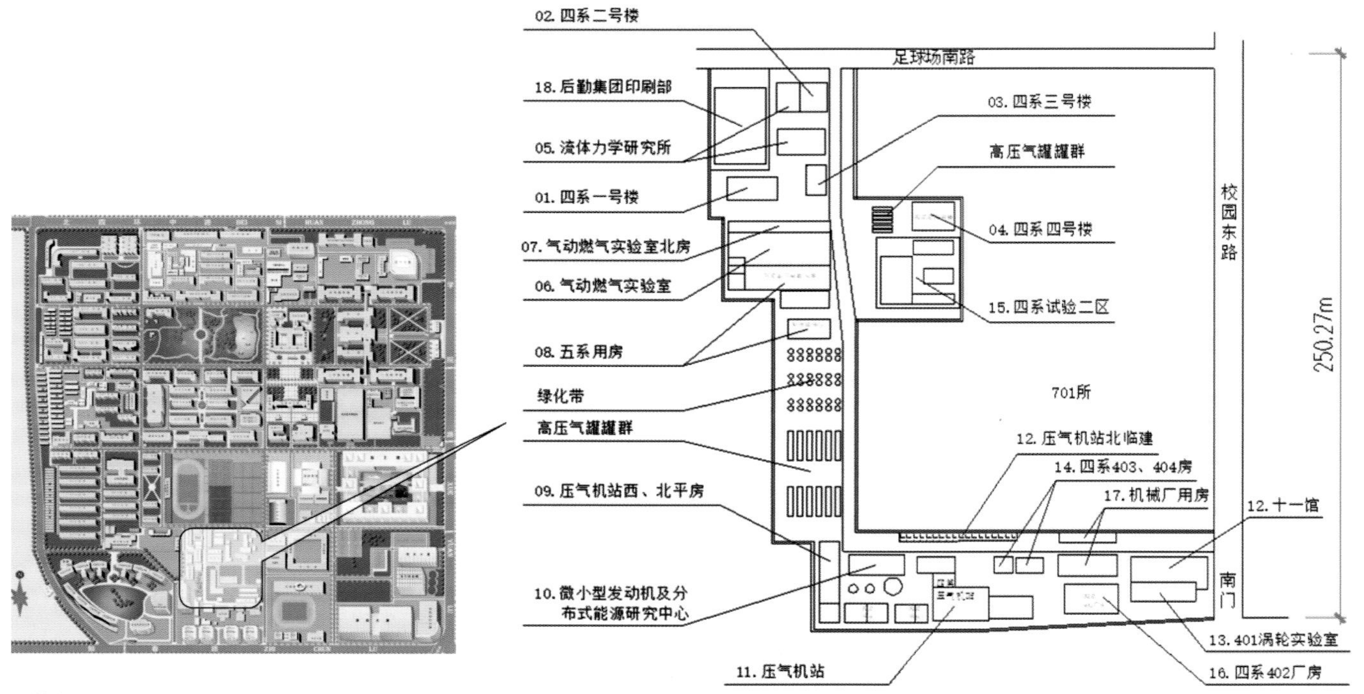

2 所院区域平面，其中建筑多建于 1966—1976 年

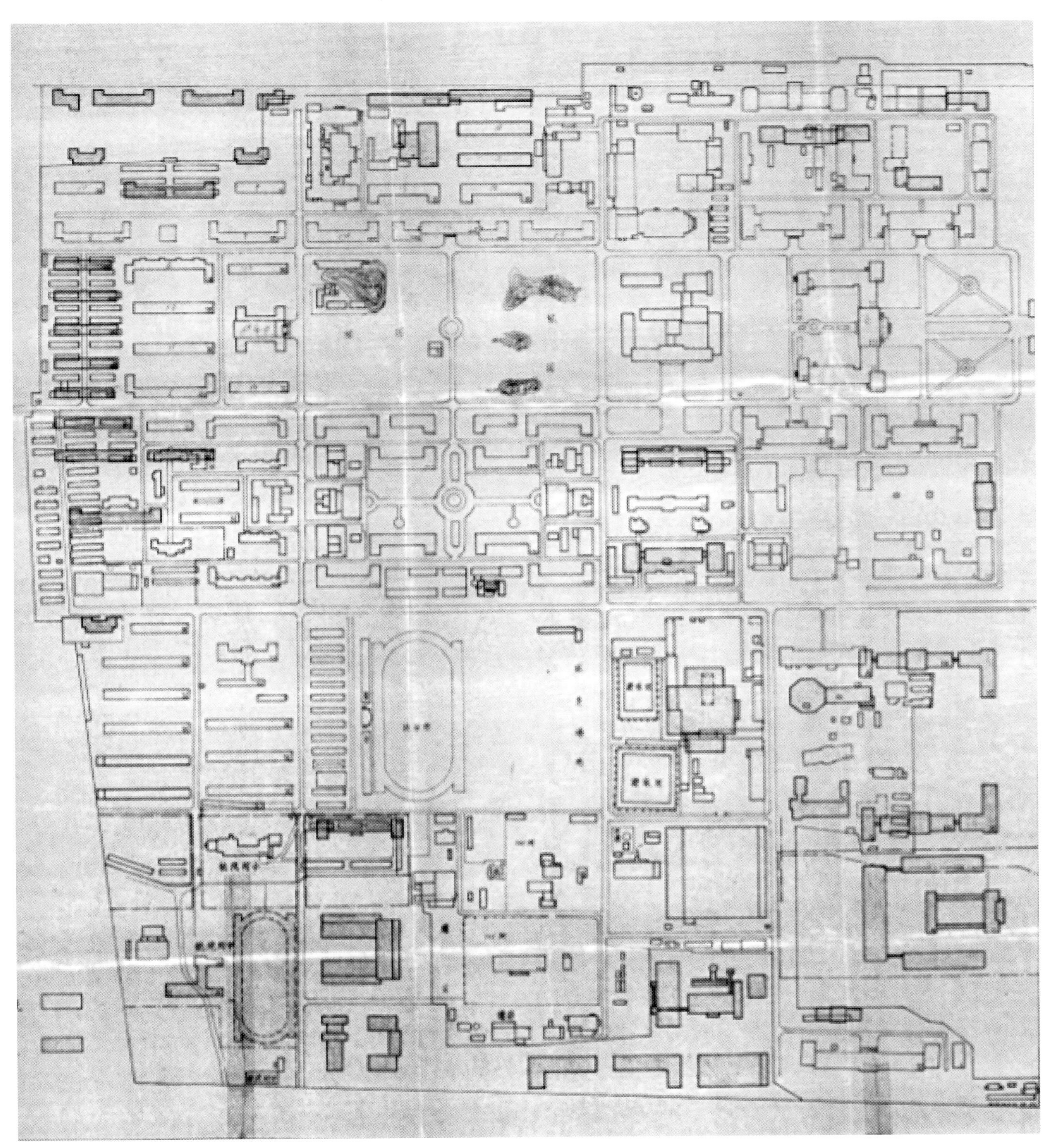

20 世纪 80 年代中期学校平面图

况下，学校仍在努力推进教学实验建筑的建设，保障科研教学工作的开展，这实属不易。

1988 年，学校由“北京航空学院”正式更名为“北京航空航天大学”，标志着北航从 1952 年建校时的单一工科学院发展成了以工为主，理、工、文、管相结合的多层次、多规格的综合性大学，这是北航发展史上的新起点，这一里程碑事件对学校教育、科研和发展产生了重大影响。

北航开始进一步充实各类办学资源。在这之前，1986 年，北京航空学院图书馆大楼落成，馆舍面积为 13 932 平方米（不含学术交流厅和电教中心等用房）。1988 年，香港邵逸夫先生捐资 1 000 万元港币和政府拨款 200 万元建设逸夫科学馆，建成面积为 7 013 平方米，1990 年 8 月 30 日竣工。1999 年，工程训练中心落成。这些建筑积淀了数代北航人的记忆。

从这一时期的建筑风格来看，建筑整体都比较简单朴素，与当时国家倡导的“实用、经济，在可能的条件下兼顾美观”的建设原则基本保持一致。但不得不说，这一时期也是北航各类校舍资源补充和完善的重要时期，基本办学功能进一步完备。

23

北京航空学院

办字〔88〕第62号

关于我院更改校名的通知

全院各单位：

航空工业部航教函〔1988〕369号文通知，经中华人民共和国国家教育委员会（88）教计字056号文批准，我院校名由“北京航空学院”改为“北京航空航天大学”。新校名于一九八八年五月一日正式启用。

更改校名必将有利于我院教育与科研工作的发展以及国际交流的加强。全体师生员工应在此新的起点上，进一步发挥自己的主动性、创造性，充分发挥我校优势，为航空航天事业，为国民经济建设做出更大的贡献，为把我校建成以航空航天为特色的、中国第一流的、具有世界先进水平的社会主义高等学府而奋斗。

附：“关于同意北京航空学院改名为北京航空航天大学的通知”（航教函〔1988〕369号）

北京航空学院院长办公室

一九八八年四月廿二日

北京航空航天大学更名文件

三、抓住机遇：发展具有北航特点的建筑

1999 年 6 月，国务院批复要求加快建设中关村科技园区，这是实施科教兴国战略、增强我国创新能力和综合国力的一项重大战略决策。学校紧抓中关村科技园区建设的

契机，建设北航国家级大学科技园区，陆续建成了柏彦大厦、世宁大厦、唯实大厦、致真大厦等，建筑面积共 40 余万平方米，构建了“环北航知识创新经济圈”。北航以大学科技园为依托，形成产教融合、成果转化的科技创新生态园区，打造约 40 万平方米的总部研发基地，约 4 万平方米的产学研基地。

2001 年，北京世界大学生夏季运动会暨第 21 届世界大学生夏季运动会在北京隆重举行，学校西南角的建设用地被建成为运动员、教练员提供集中住宿的运动员村，2007 年 7 月学校对其回购，将其作为学生宿舍，并挂牌“北航”。

2002 年，北航迎来 50 华诞，学校以此为契机，诸多建筑实现焕然一新。学校对主楼群进行改造，在原有建筑基础上加建主 M（主中），打造主楼群与一至四号楼连接的教学区连廊；对图书馆进行贴建改造，将原来简单平板的立面改造成展开的书卷，将其打造成代表学校形象的新标志性建筑；对北航绿园进行全面改造，形成学校的“生态氧吧”。

2006 年，全亚洲最大的单体教学楼——新主楼正式投入使用，新主楼成为北航甚

沙河校区规划总图（2002 版）

至学院路地区的新地标。为迎接2008年奥运会，北航对体育馆进行改建，北航内诞生了2008年奥运会的第一枚金牌；在北航60周年校庆前夕，北航晨兴音乐厅竣工并投入使用，这是由北航杰出校友、晨兴国际控股集团创始人王祖同、杨文瑛夫妇捐资2 000万元及学校投资2 000余万元共建的；60周年校庆之际，被拆除重建的北京航空航天博物馆正式开馆。中国田径运动场历史上第一条室外标准蓝色跑道建成，在其上跑步被学生誉为“在蓝天上奔跑”。

四、增量拓展：沙河校区启动建设

1998年11月，经济学家汤敏以个人名义向中央提交了一份建议书《关于启动中国经济有效途径——扩大招生量一倍》，建议我国扩大招生数量。到1999年之前，高校扩招年均增长都在8.5%左右；1999年，全国高校招生人数增加51.32万，总数达159.68万，增速达史无前例的47.4%；2000年，全国高校扩招的幅度为38.16%，2002年的为19.46%，到2003年，中国普通高校本、专科生在校人数超过1 000万。北航为了解决大规模扩招带来的基础设施缺乏的问题，北航沙河校区的建设被提上日程。

2001年，原国防科工委批复《关于北京航空航天大学新校区建设项目建议书的批复》，北航以满足20 000名本、专科生教学需求为建设目标，在北京市昌平区沙河高教园区内建设新校区。2002年，华南理工大学何镜堂院士团队提出的沙河校区规划方案脱颖而出，该方案通过“一横一纵一环”将沙河校区划分为功能分明的若干区域。

随后，学校紧锣密鼓地展开了征地工作。2007年10月13日，沙河校区暨航空科学与技术国家实验室建设开工仪式举行，标志着沙河校区建设工作正式启动。“十一五”期间，沙河校区启动了一期一阶段建设工程。据介绍，沙河校区建设现场最火爆的时候是9个项目同时启动，9家设计院、9家施工单位、9家监理单位同时活跃在沙河校区的建设现场。2009年到2010年，沙河校区教学楼、实验楼、宿舍、食堂等建筑陆续落成，建筑面积22.8万平方米，形成可满足约9 000余名本科生教学的校区。2010年9月，沙河校区迎来了第一批学生入住。

沙河校区早期建设场景（组图）

为保证沙河校区尽早投入使用，学校的“十一五”建设工作时间紧、任务重，北航在规划建设方面遗留了一些问题：一是在规划传承方面，沙河校区整体规划和单体设计几乎没有体现学院路校区建筑的元素；二是在建筑风貌方面，各个建筑群的风格没能做到很好的统一。

2009 年，北航十五次党代会提出“顶级平台工程”和“一流校园工程”，着眼于学校长远发展，提出充分完善沙河校区的办学条件，加快推进高水平实验平台建设。“十二五”期间，北航建设总建筑规模 14.6 万平方米的国家实验室一期、二期（现更名为主楼一期、二期）工程。2016 年，沙河校区主楼全面落成，学校并对沙河校区标志性建筑景观进行了重塑。

五、双核发展：北航校园向高质量发展迈进

“十三五”以来，学校积极响应国家号召，助力“非首都功能疏解”“京津冀协同发展”等重大战略实施，加快推进学校“双一流”建设，进一步明确了学院路校区和沙河校区的功能定位，梳理了两校区办学规模，完成了两校区校园规划方案调整。2018 年，学校印发《北京航空航天大学沙河校区和学院路校区布局规划（2018—2022）》，对学校两校区功能进行了纲领性的定位：沙河校区建成航空航天优势突出、材料制造实力雄厚、交通科学跨越发展、卓越理科大幅提升的创新人才培养和前沿科学研究基地；学院路校区建成信息学科保持领先、医工交融持续发展、经管人文各具特色、面向国际化的人才培养和学科交叉创新基地。

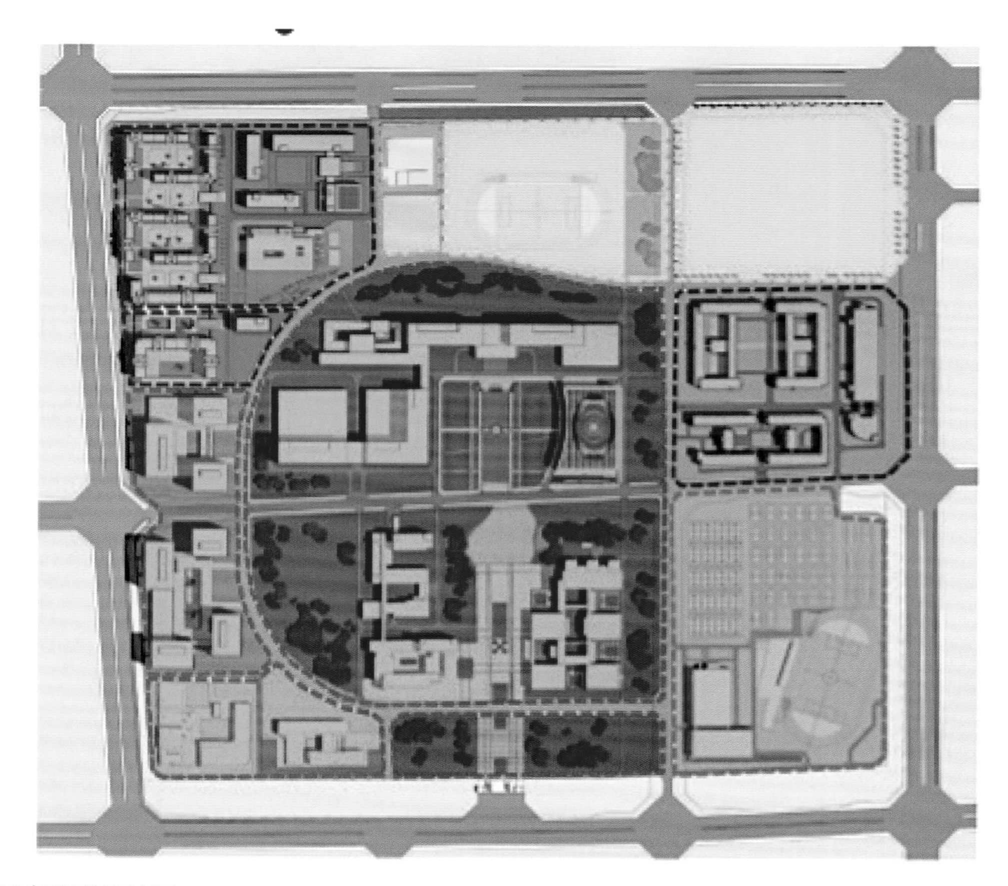

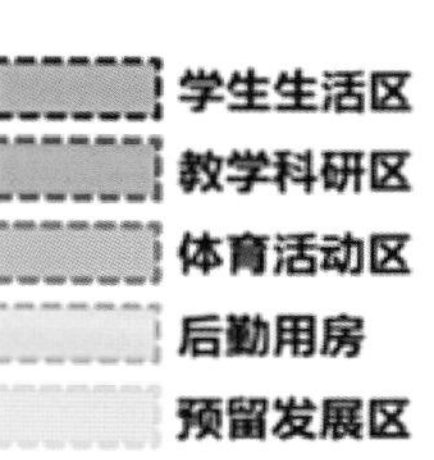

2018 年沙河校区布局

这一时期，学院路校区以“整治、提升”为理念，使学校校园环境得到进一步改善和提升，并通过对新建建筑物地下空间的开发利用，提高了土地的综合利用效率。一是以“校园功能综合体”的理念重构了新北社区学生生活区，在地上建筑规模受限的情况下实现了“地上空间的高效利用”和“地下空间的充分挖掘”，总建筑面积达11.8万平方米，其中地下建筑面积占比近64%，学生们称“除了上课，没有离开‘新北’的理由”。二是拆除具有安全隐患的实验楼，进行整合重塑，打造全新的五号楼和新一馆，创新性地利用人防空间的平时功能做实验用房，这成为国管局人防办平战结合的成功案例。

功能定位被调整后，沙河校区从应对大学扩招的纯教学型校区调整为科教综合型大学校区，基于此，学校以“功能完善，比例协调”“布局合理，统筹兼顾”“集约用地，预留发展”为原则进行沙河校区规划方案优化，并加快推动沙河校区建设；针对校区承载能力不足与学科布局规划需要之间的矛盾，充实基本办学资源，完成沙河校区西区学生生活区的建设，启动教学科研建筑的建设工作；同时还针对校区部分功能缺失与师生学习生活的需求，完善公共服务体系，完成学术交流中心、校级行政办公建筑的建设，启动图书馆等项目的建设。

总之，北航校园建设以科学规划为引领，经过70年的建设发展，已经形成功能定位明确、基本设施完备且呈现“一流”品质的高校校区，为学校推进人才培养和科学研究任务夯实了硬件能力建设的基础。

作者：北京航空航天大学校园规划建设与资产管理处副处长

北航 20 世纪五六十年代校园设计

《中国建筑文化遗产》编辑部

如今，北航两个校区的发展，源于 20 世纪 50 年代初的北航的校园建设及有代表性的重要史迹，它们也是新中国高校建筑或称特定工学院建筑早期发展的萌芽。早期的北航校园建设，一如石阶上的青苔与小草，一点点长出，绘就了一座座绿荫如盖的校园建筑。2018 年，北航老建筑群整体入选中国文物学会、中国建筑学会推荐的“第三批中国 20 世纪建筑遗产项目”，这本身就是一种标志，说明在北京赫赫有名的 20 世纪 50 年代“八大学院”中，北航留下的建筑记忆不仅深刻、美好，还最具代表性。

2021 年 10 月 25 日，《人民日报》刊登《北京航空航天大学 70 周年校庆公告（第

选自“中国著名高等院校概况丛书”《北京航空学院》(封面)

一号）》指出，“1952 年，抗美援朝的烽火催生了‘急需办一所航空大学’的国家需求，汇聚全国八校航空精英，新中国第一所航空航天高等学府——北京航空学院成立。”据北航 60 年院庆版《北航校友通讯（总第十七期）》记载，1952 年 6 月，当时的重工业部和教育部成立筹备委员会拟以“中央航空工业学院”为名，教育部确定为“北京航空工业学院”，苏联顾问杜巴索夫将“工业”二字去掉，于是 1952 年 10 月 25 日北京航空学院成立，杨待甫、沈元为副院长，1954 年 6 月，武光被任命为第一任院长。吴克明教授是歼 5 和歼 6 战斗机的首席试飞员，他曾表示：“历史决定了我们这一代人是开拓的一代，不可能有现成的模式可循，一切都要从头学着干。”正如吴克明教授所描述的北航精神，北航校园为航空航天教育与科研事业保障的建设工程起步了。

1953 年 6 月 1 日，分住在北京工业学院、清华大学的北航师生在京郊柏彦庄的庄稼地里，参加了北航校址的建设奠基典礼，目睹各位专家、领导挥锹铲土的庄严时刻，见证了北航校园隆重的破土动工场景。据当时北京及中央的媒体报道：“当年从德胜门、新街口一带，遥望西北方向，夜阑时分，一片漆黑的原野上，可见一座座高高的‘水晶宫’，烁烁生辉，令人注目……那是航院学生在刚刚建成的、层层明亮日光灯的教学楼内夜读……至此，‘水晶宫’‘航院’‘造飞机’的消息，在北京内外传扬。”

建设中的教学大楼

建设中的附中大楼

北京日報　一九五三年九月二十五日　星

航空學院工地熱烈展開增產節約競賽
保證提前十五天完成今年工程

【本報訊】北京航空學院工地從九月十日起展開了增產節約競賽。

航空學院工地全部工程由市第五建築工程公司、市第六建築工程公司和第二機械工業部基本建設司第二工程處三個單位共同負責施工。市第六建築工程公司負担的任務佔三分之二，在六月五日開工，其他兩施工單位剛開工不久。

這個工程在開工初期施工進展比較遲緩，主樓的第一層工程費了一個多月的時間才做完。後來，工地上整頓了勞動紀律，調整了勞動組織，健全了組織機構，同時派一位技術副主任專門檢查主體工程質量，並初步貫徹了技術責任制和質量責任制，這樣，整個工地的生產才開始有了起色。八月中旬基本上能按照計劃施工，八月下旬就完全能跟上計劃進度了。工人們的情緒很高，克服了許多困難。在八月多雨的時節，不僅上邊有雨水淋，而且地下水位很高，一刨開槽，水就漫上來了。當時木工、鐵筋工都站在水裡支模板，紮鋼筋，把水抽乾後還得耐心地用手把沾在鐵筋上的淤泥摳乾淨；洋灰工也因為地下水多，不得不把攪拌機擱在一邊，用人工攪拌含水量很小的混凝土，以保證地基的質量。

九月十日，工地領導方面在召開了工地職工代表會議之後，又召開了全體職工大會，動員大家開展增產節約競賽，向全體職工提出競賽指標：「保證工程質量，縮短工期十五天，增產節約十五億元」。全體職工一致歡呼響應這一號召，不少小組還當場提出自己的保證條件。第二天，工區的、中隊的、小組的保證書、挑戰書、應戰書和聯系合同，一張接着一張地送到工地辦公室裡來。兩天之間，就有九十多份。他們紛紛保證按時或提前完成自己所担負的工程任務，不耽誤下一個工序，好使工程提早完工，讓航空學院的學生——未來的航空工程師們早些在這裡上課。技術員保證向工人交代小組作業計劃時要具體，瓦工保證不誤木工，木工保證不誤鐵筋工，鐵筋工保證不誤洋灰工，壯工保證不誤技工，管料具的職工保證不使工人停工待料。就這樣一環扣着一環，一個工序連着一個工序，整個工地的生產飛快地推進了。工地的領導幹部也深入現場，檢查質量，及時解決生產中的問題，有時還幫着抬鋼筋，搗固混凝土，給了工人很大鼓舞。於是，捷報不斷從工地的廣播器裡播送出來。木工陳春山小組每天上樑的根數由八十根提高到一百五十根。鐵筋工張振鋼小組實行流水作業法，提高生產效率百分之五十。架子工利用捲揚機運輸搗攜，由每天抬三十塊提高到抬一百五十塊。洋灰工高福海和孫慶福小組，每工打混凝土已由零點八立方公尺提高到一點二立方公尺。學生宿舍樓，原訂六天砌一層，現在只要四天半就行了。主樓工程第一層的骨架費了一個多月的時間才立起來，可是它的第二層、第三層和第四層的骨架，由於推廣了分層分段平行流水作業法和混凝土真空作業法，總共只需二十四天就可以完全立起來。由於各工種和各分段工程提前完工，工地上各項工程今年都能提前十五天完工。如四幢眷屬宿舍樓，原計劃在十一月十五日交工，現在十月底就能交工。主樓工程的四層骨架原計劃在十月二十日完工，現在九月底就可以完工。原計劃主樓今年可以使用兩層，現在可以爭取四層全部使用。

「完成主樓四層骨架，國慶節那天去見毛主席！」——這已經是工地上工人普遍掛在嘴邊上的一句話了。根據目前的情況，九月份各項工程任務至少能提前一天半完成。

（葉祖興、朱國瑞、李碩勳）

《北京日报》1953 年 9 月 25 日 第二版

以建筑的名义纪念北航校庆 70 周年，就是要在书写北航作为新中国红色工程师摇篮时，寻找它擘画出的发展的一幅幅蓝图；在面对矢志空天的成就面前，北航的校园在“环境育人”与“能力建设”的淬炼精神下强有力发展，北航的教学和科研成就离不开一批批建筑师、工程师、建设者们的睿智与贡献。在新中国 20 世纪建筑遗产高校建筑中，尤其是工学院的建筑因一般不对外开放略显神秘，但由于历史原因，它们就更具有体现那个时代建筑文化的价值。一则，北航的建筑介于教育建筑与工业建筑类型之间，各种实验室是北航必不可少的特有空间；二则，20 世纪 50 年代中国工学院的建设深受新中国建设愿景和苏联高等教育建筑的影响，如 20 世纪 50 年代相继完成的北航一号楼（飞机系楼）、二号楼（仪表系楼）、三号楼（发动机系楼）、四号楼（材料系楼）等，虽从建筑布局与艺术风格上有共通性，但它们因不同专业的不同特点呈现出不同的功能和特性。由此可见，北航校园建筑自 20 世纪 50 年代初创时，就具有与时代同行、与历史相融的特征。翻阅无数北航学子“我和我的大学”相关的忆文，文中除了叙说对知识渊博的老师的怀念外，还几乎都在赞美并回忆那一幢幢有“故事”的校园建筑，因为这样的校园，确实为学子成长提供了有思想储备与文化资源的沃土。

北航校园建设 70 载，弥足珍贵的 20 世纪 50 年代到 60 年代的建设历程不可缺席。那时建造的建筑，不仅承载着校友们对母校的情怀及“乡愁”，也使北航校园成为高等教育的文化圣地。有人文历史的新中国高校建筑是国家现当代遗产的重要组成部分，对它们进行总结是提升校园整体价值的需要。这既要有整体性保护的留“貌”，也要进行留“韵”的探索，同时遵循保护真实性与“活态”利用并重的原则。在敬畏中，编辑部成员翻阅北京市建筑设计研究院 1953 年以来的“建筑工程目录”及老照片；查阅北京市档案馆及国家图书馆对 20 世纪 50 年代初、中期的高校校园建设文档及报道；分析研究由北航档案馆及北京航空航天大学校园规划建设与资产管理处提供的校史资料（文、图）与数千张老图纸的电子档案，从中确实捡拾到 20 世纪 50 年代到 60 年代有代表性的北航校园早期建设的项目信息以及建筑师、工程师和众多贡献者的相关资料。从这些档案中，我们仿佛看到他们的音容笑貌，并且从中发现与新中国一同成长的北京市建筑设计研究院超过 60 位建筑师、工程师的工程图纸，现按时间梳理如下。

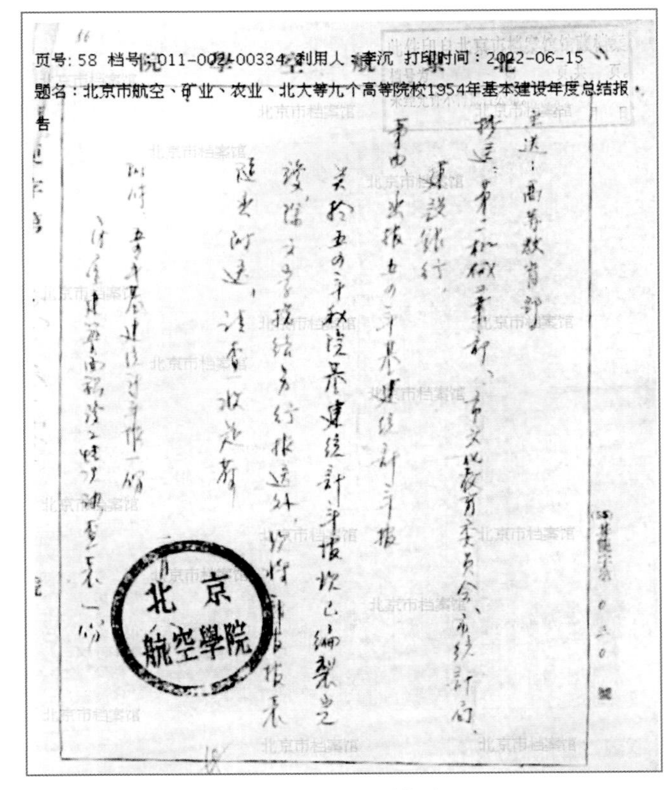
页号: 58 档号: 011-002-00334 利用人: 李沉 打印时间: 2022-06-15
题名: 北京市航空、矿业、农业、北大等九个高等院校1954年基本建设年度总结报告

北京航空学院 1954 年基本建设年度总结报告

北航一号楼（飞机系楼）。工程号 53014，制图时间 1953 年 5 月 4 日。总工程师杨锡镠；设备制图瞿锺庆，校正丁鸣歧；电气设计田光华，审核王文华。

北航三号楼（发动机系楼）。工程号 54031，制图时间 1954 年 3 月 13 日。总工程师杨锡镠；建筑工程主持人陈蔚；建筑负责人庄琪玉；建筑制图庄琪玉、蒋雪龙、黄爱琳、朱润珍；电气负责人吕光大；设备负责人丁鸣歧。

北航老主楼（教 12 楼）。工程号 54031，制图时间 1955 年 7 月。总工程师杨锡镠；建筑工程主持人陈蔚；建筑负责人宋秀标；建筑制图秦宝珍；结构负责人汪谙迪；结构制图王祖荫；设备设计与制图丁永鑫；电气负责人吕光大，电气制图张淑琴。

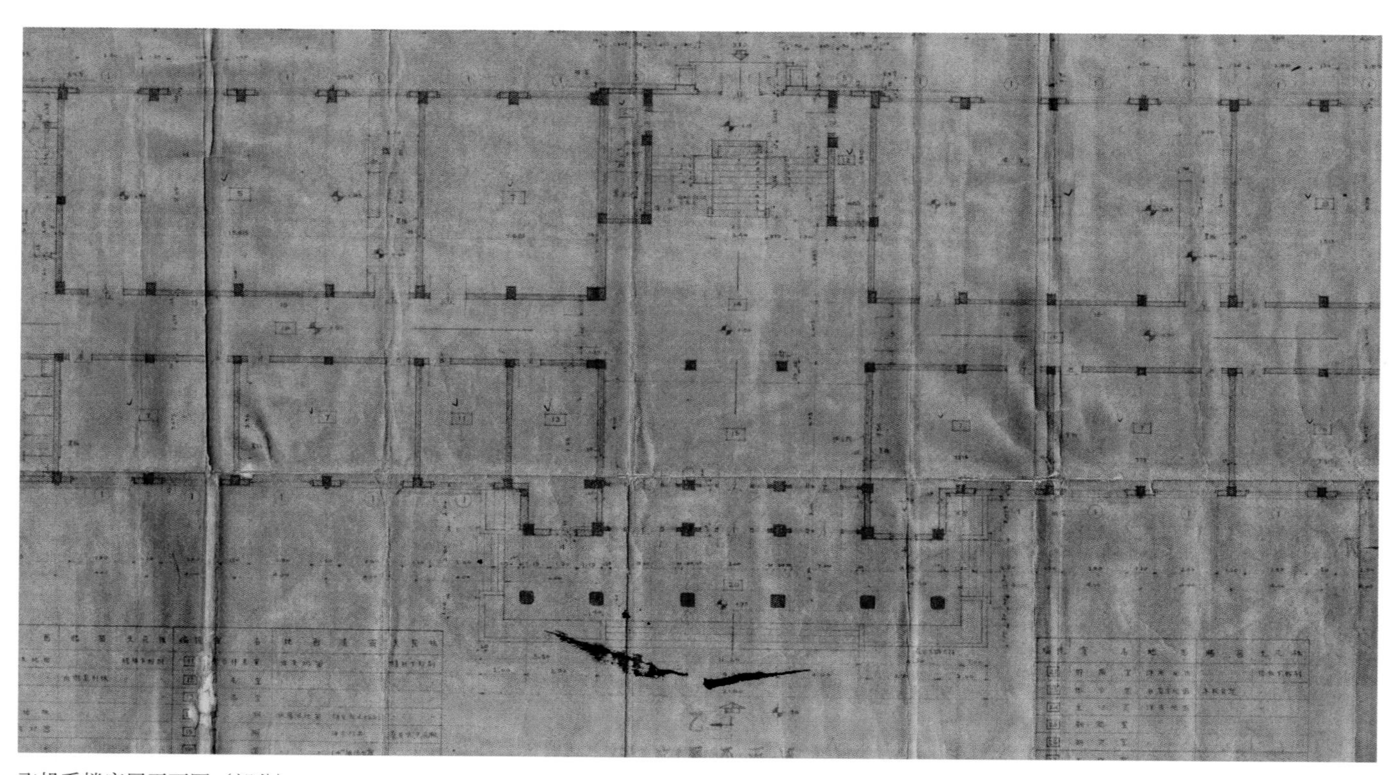
飞机系楼底层平面图（部分）

一号楼奠基石

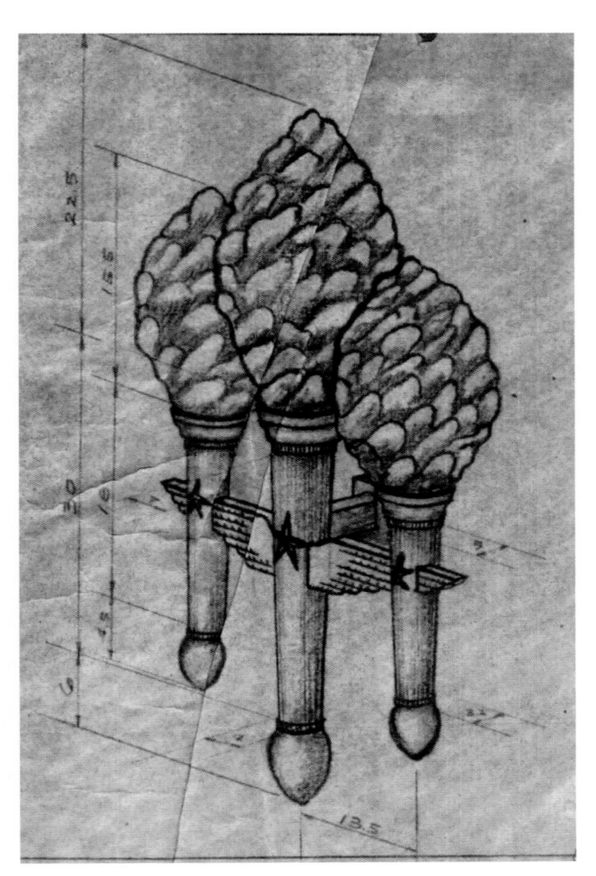
三心火炬壁灯型大样（飞机系楼）

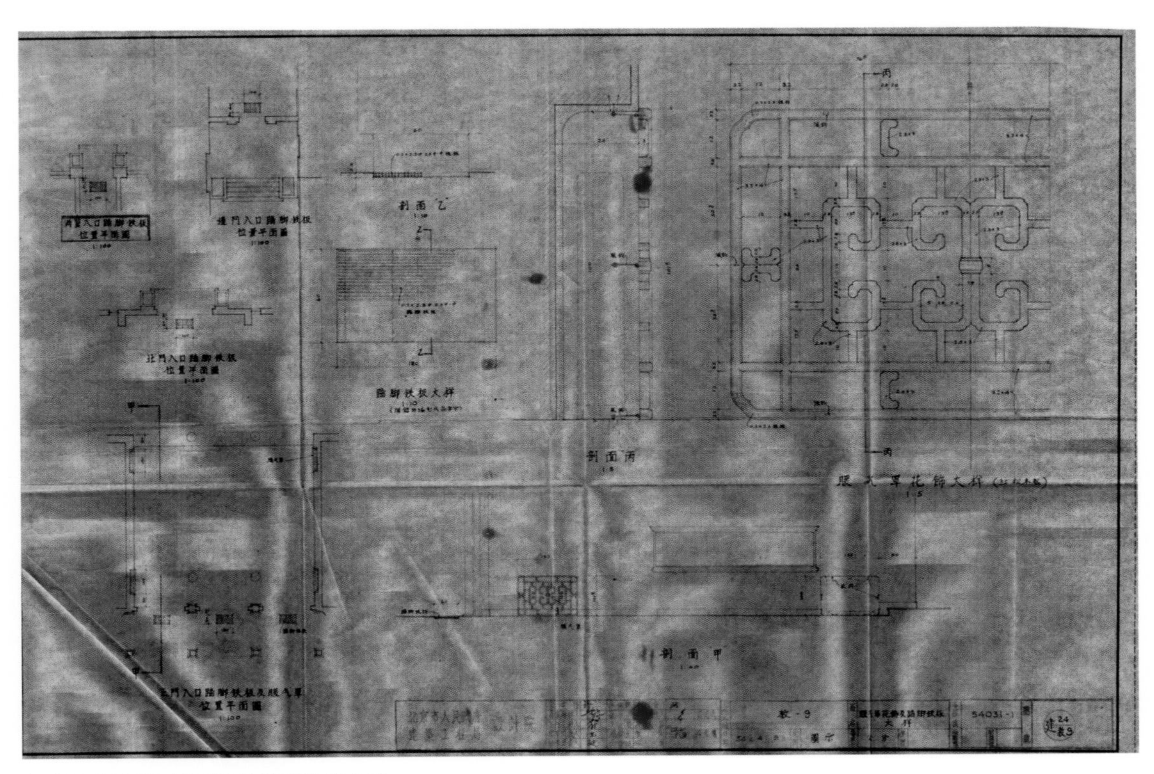
发动机系楼暖气罩花饰及踏脚铁板大样

20 世纪 50 年代末从主楼顶上远眺体育馆和新宿舍区（学生第 12、13 和 14 楼）

20 世纪 50 年代的学院教学区东校门及主楼

北航二号楼（仪表系楼）。工程号 55033-1，制图时间 1955 年 3 月 9 日，图号结 6/05。总工程师杨锡镠；建筑工程主持人陈蔚；结构负责人汪谙迪；电气负责人吕光大，工程师璞克刚。

北航食堂。工程号 56157，制图时间 1956 年 7 月，图号电 1/ 一。总工程师杨锡镠，结构负责人汪谙迪，电气负责人吕光大，电气设计人刘志英，制图姚鹤玲。

北航老主楼（教 12 楼）北翼南立面图

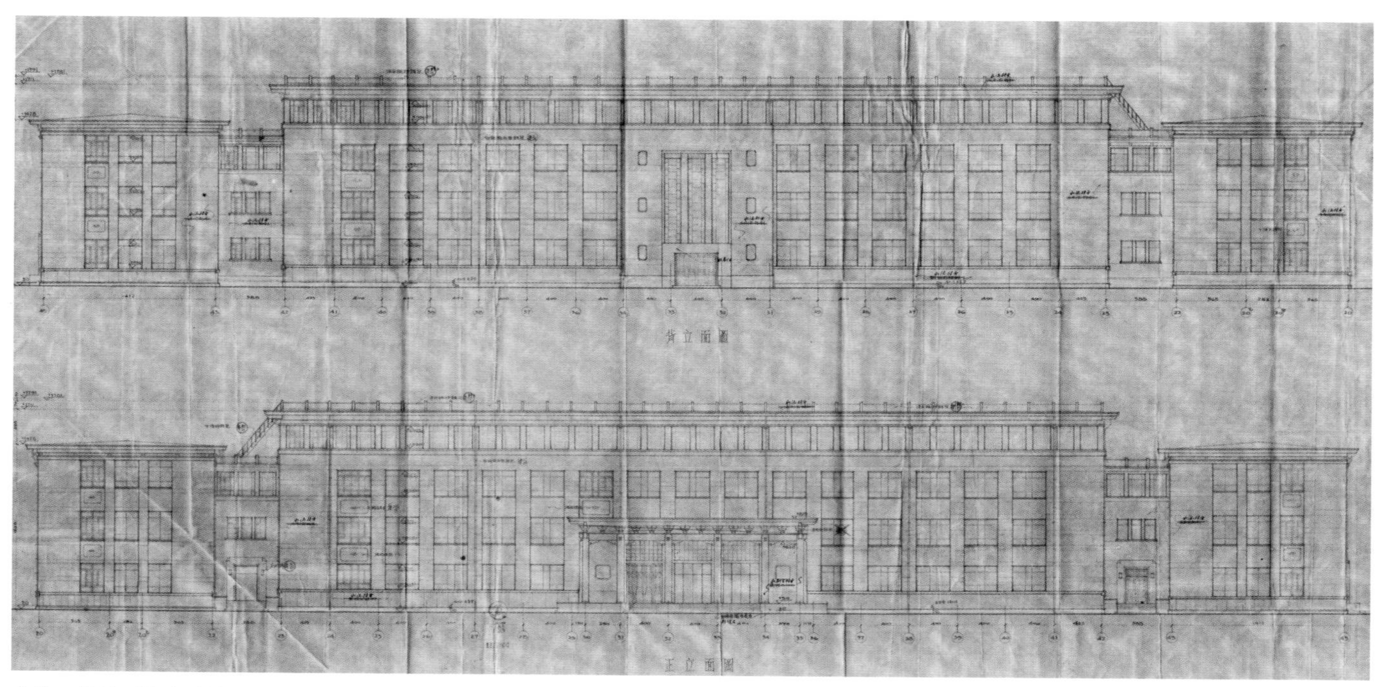

北航二号楼（仪表系楼）正背立面图

二号楼

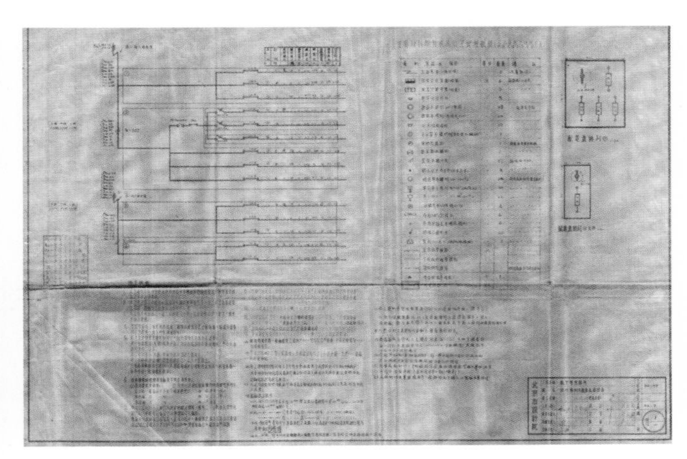

北航食堂电气设计图纸

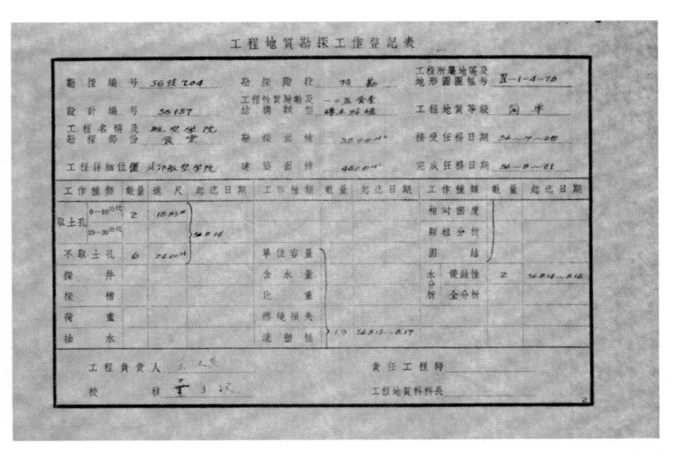

工程地質勘探工作登記表

勘探編号 56技204　勘探階段 特勘　工程所屬地區及地形圖圖幅号 Ⅱ-1-4-76

設計編号 56157　工程性質層數及結構類型 一二五食堂 磚木平樓　工程地質等級 簡单

工程名稱及勘探部份 航空学院 食堂　勘探面積 3500m²　接受任務日期 56-7-28

工程詳細位置 北京航空学院　建築面積 4600m²　完成任務日期 56-8-21

工作種類		數量	進尺	起迄日期	工作種類	數量	起迄日期	工作種類		數量	起迄日期
取土孔	0—10公尺	2	15.85m	56.8.14				相对密度			
	10—20公尺							顆粒分析			
不取土孔		6	24.00m		單位容量			固結			
探井					含水量			水分析	侵蝕性	2	56.8.14—8.16
探槽					比重				全分析		
荷重					燃燒損失						
抽水					流塑性	13	56.8.15—8.17				

工程負責人　　　　責任工程師

校　核　　　　工程地質科科長

北京城市规划管理局地质地形勘测处出具的航空学院食堂“工程地质勘探工作报告”登记表

从北区宿舍远眺主楼和仪表系楼（现二号楼）

北航 18 班中学。工程号 61- 中 2，制图时间 1961 年 7 月。总工程师杨宽麟，工程主持人吴德卿，建筑组长巫敬桓，结构组长吴国桢，设备组长张国栋，电气组长董守训，建筑制图刘慧英、潘纯如，结构复审陆世昌，结构负责制图程懋堃，设备负责人陆正庆，电气负责人商文娟。

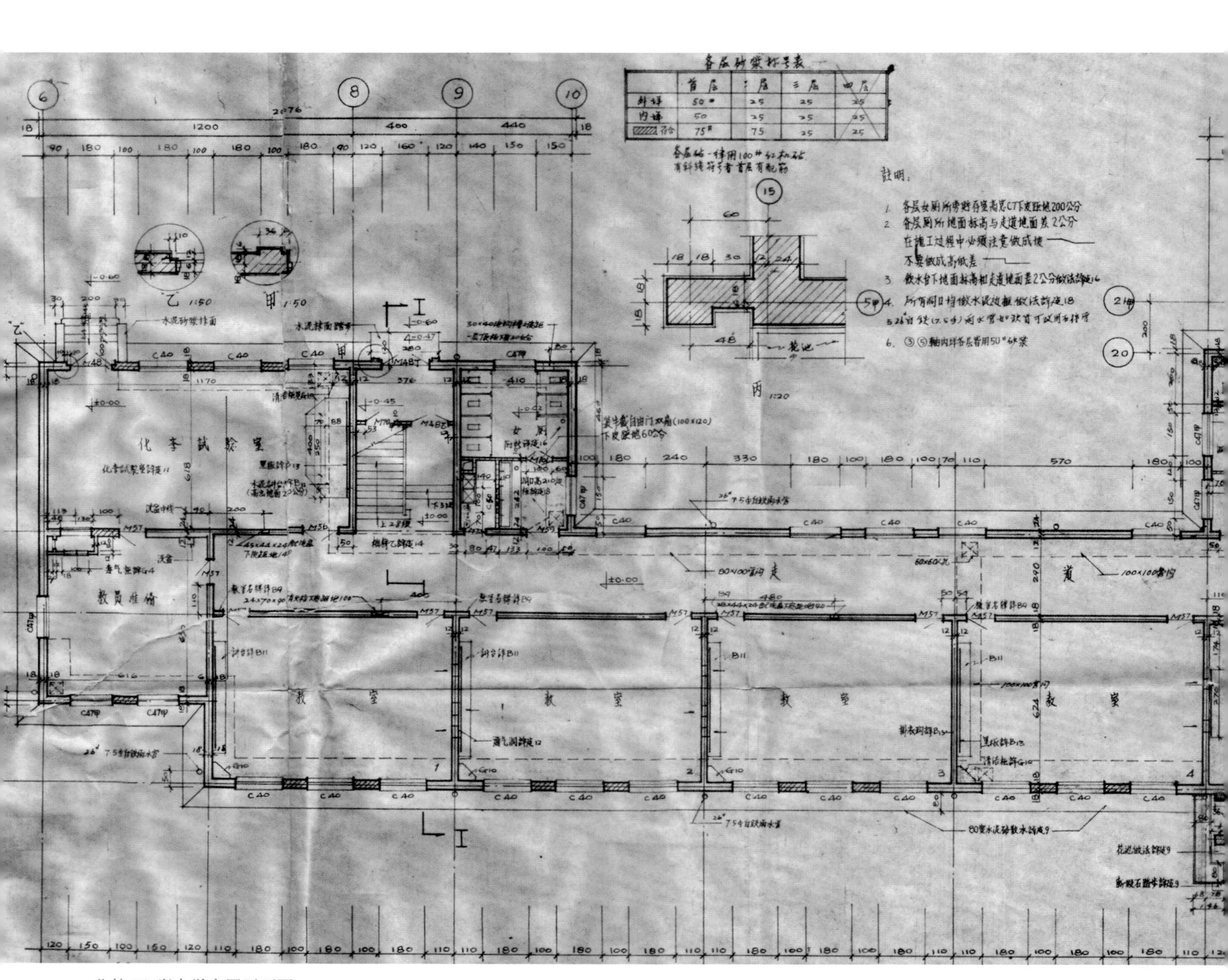

北航 18 班中学底层平面图

在 1955 年 9 月 30 日一份北航二号楼（原仪表系楼）验收会议纪要中，可查到，北京市建筑设计研究院参加者陈蔚、汪谙迪、璞克刚；北航参会者霍存义、孙志韵、刘云度。

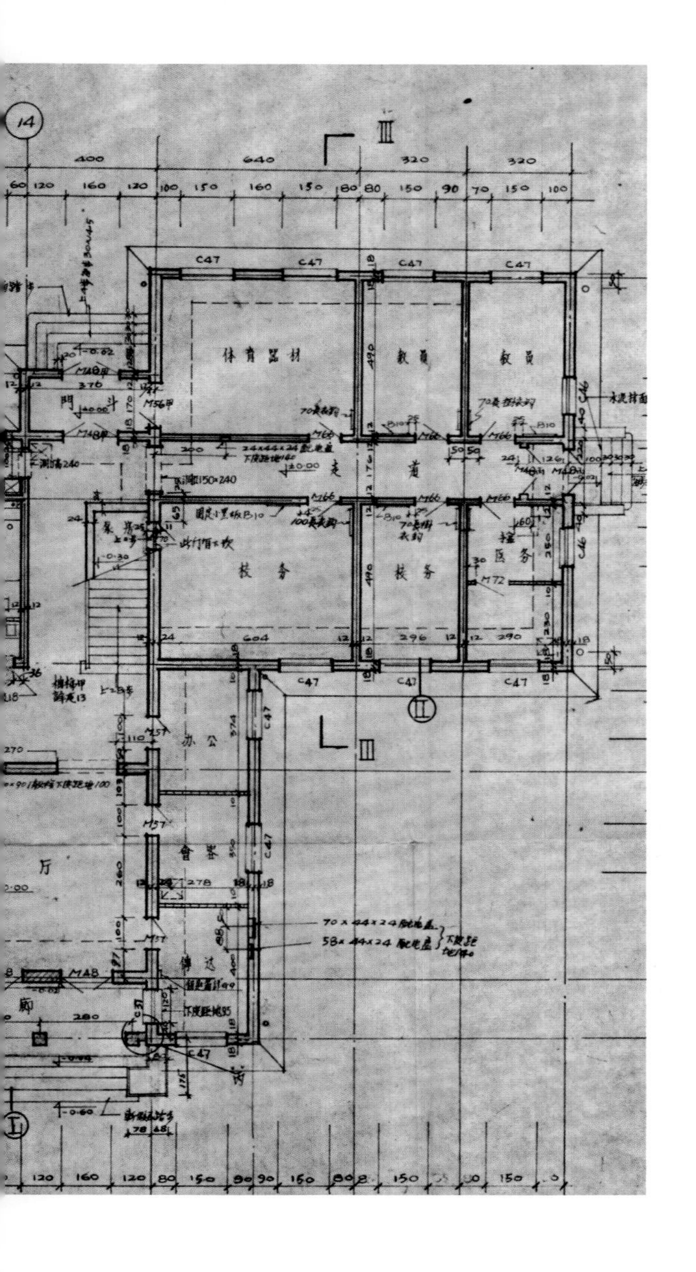

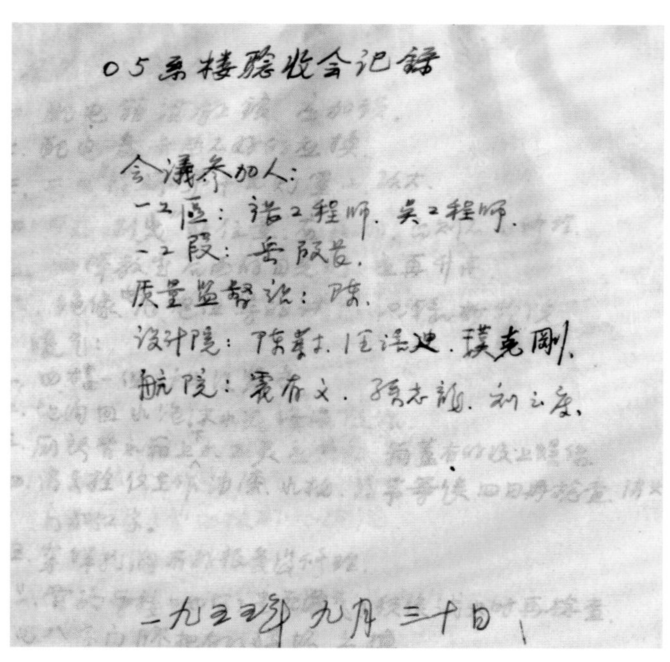
05系楼验收会记録

会議参加人：
一工區：諸工程师、吴工程师
一工段：岳段长
质量监督站：陈
設計院：陈蔚、汪谙迪、璞克刚
航院：霍存义、孙志韵、刘云度

一九五五年九月三十日

北航二号楼（仪表系楼）验收会记录

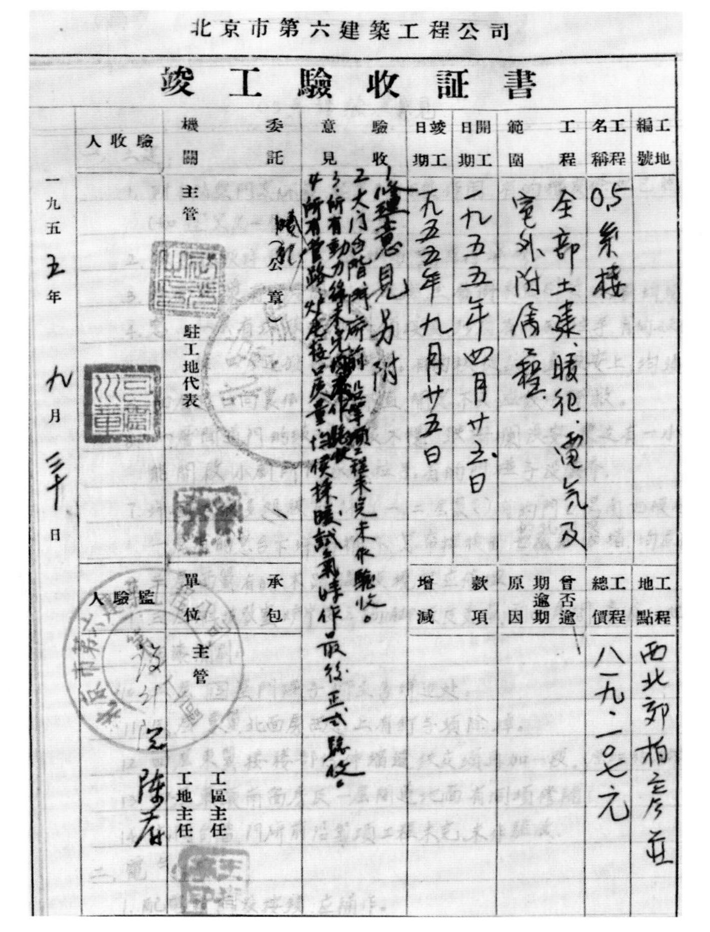
北京市第六建築工程公司

竣工驗收証書

工程編號	工程名稱	工程範圍	開工日期	竣工日期	驗收意見	委託機關	驗收人
	0.5系楼	全部土建、暖气、電气及室外附属工程	一九五五年四月廿三日	一九五五年九月廿五日	同意見另附	主管　（公章）　駐工地代表	一九五五年九月三十日

工程地點	工程總價	是否逾期	逾期原因	款項	增減	承包單位	監驗人
西北郊柏彦庄	八一九、一〇七元					主管　工區主任　工地主任	

北航二号楼（仪表系楼）竣工验收证明（1955 年 9 月 30 日）

北航锅炉房。工程号 64-033，制图时间 1964 年 4 月 29 日。室主任段茂林；设计组长孙培尧；工程主持人何万江；建筑负责人张志华；结构负责人罗俊；电气负责人骆传武；建筑制图梁灼桃。

建筑参考大样—— 外箅天沟及落水斗（图号：D67）。审定顾鹏程，校核阮志大。

通用构件——砖烟囱节点大样（图号：G10）。审核张锦文，组长李家玫，校对朱绍华，制图梁秀琴。

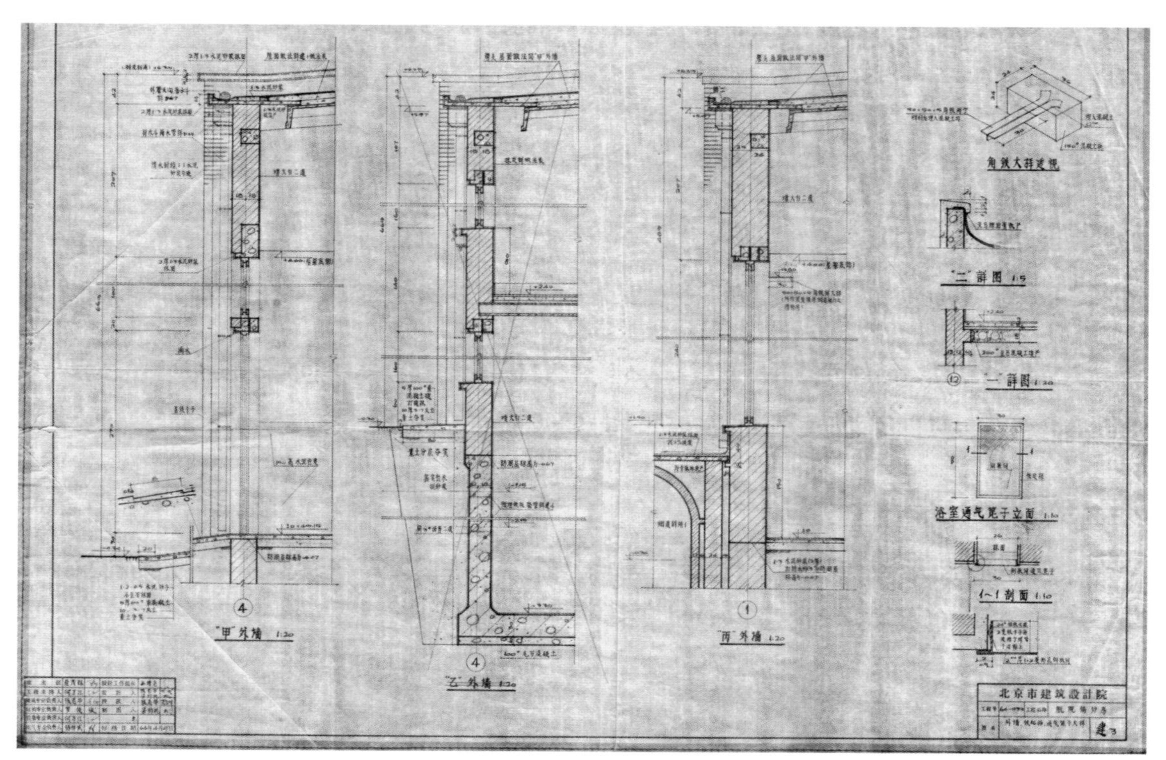

北航锅炉房

北航锅炉房（宿舍区）。工程号 64-054，制图时间 1964 年 9 月 14 日。室主任秦济民，设计组长甯仲林，建筑工程主持、负责、设计与制图人闵华瑛， 结构负责人黄南翼，设备负责人陈栋梁，电气负责人陈丽华， 建筑校核王聪慧。

20 世纪五六十年代历经沧桑洗礼的北航老建筑群体现了北航一流的师资队伍及一流的学术水平，一流的校园建设是一流的学校蓬勃发展的基石。这些校园老建筑的珍贵之处体现在纪念性与标志性上。最早建设的学生宿舍楼（学 4）和教师宿舍（301）让学子和老师们有了栖息之所。号称“北航 No.1”的一号楼（飞机系楼）颇具 20 世纪 50 年代特色，可作为新中国高校标志性建筑代表的老主楼，具有“窗口”形象的大门等等，这些建筑以独有的象征性、标志性和文化性，潜移默化地影响了一代代北航学子的价值观。北航初创期的规划设计架起了校园文化、人才培养、城市文化沟通的桥梁，不仅让古朴庄严的北航校园在 20 世纪 50 年代北京“八大学院”中独树一帜，

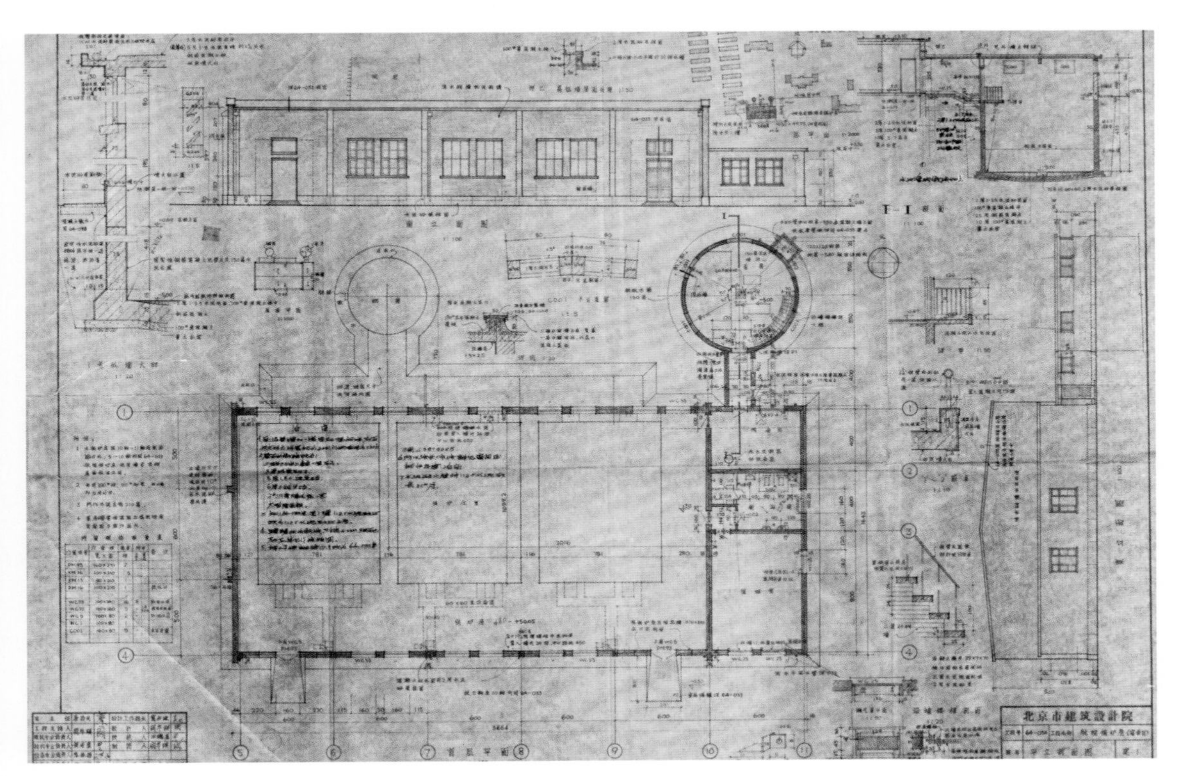

北航锅炉房（宿舍区）平立剖面图

又凸显出那个特殊年代的独特意象。

历经六七十年后，我们回望北航老建筑，我们看到了北航的光荣历史及峥嵘岁月，北航老一辈领导及建设者的科学决策，还有建筑设计先师杨锡镠、杨宽麟等前辈建筑师与工程师的卓越创造。激情澎湃地书写北航校园建设春秋，旨在找寻图纸上的真迹，让那些淹没在史海中的“人和事”更清晰。因为，只有清晰，前辈们的佳作才可“活”起来。

学 4 宿舍

301 住宅（原 1 号职工住宅）

学 4 宿舍

301 住宅（原 1 号职工住宅）

链接

大师级建筑师杨锡镠为20世纪五六十年代北航校园重要建筑的建设作出巨大贡献。杨锡镠（1899—1978年），祖籍苏州吴江县（今吴江区）桃源镇；1922年6月毕业于南洋大学土木工程科，获学士学位，而后在上海东南建筑事务所任工程师。1929年，经范文照和李锦沛介绍，他加入中国建筑师学会，并任《中国建筑》总发行人，后于同年自设杨锡镠建筑事务所。1949年前后，他来到北京，1953年因“公私合营”事务所改制，进入北京市城市规划管理局设计院（后为北京市建筑设计院）任总建筑师兼三室主任。杨锡镠作为总建筑师主要负责并指导设计的项目有北京太阳宫体育馆（1955，今北京体育馆）、中国科学院物理所（1954）、北京陶然亭游泳池（1955）、网球馆（1959）、北京展览馆剧场加顶改造（1958）、北京市工人俱乐部（1955）、苏联大使馆（1957）等。据图纸资料，仅在北京航空学院，自1953年至1960年，他主持设计的项目至少就有10余项。

20世纪50年代中后期杨锡镠（二排左六）与北京市建筑设计院的同事在一起

北航的校办工厂与“881”

《中国建筑文化遗产》编辑部

2022 年 7 月 20 日，中国建筑文化遗产编辑部一行在北航采访了原北京航空航天大学附属工厂厂长李鉴洋先生。早在建校之前，北航第二次筹委会讨论校组织机构草案时，即提出要建设实习工厂。1953 年 6 月北航动工兴建，实习工厂被列为第一批基建项目。1954 年 5 月，实习工厂主体厂房完工投入使用，并于 1956 年全部建成。实习工厂初期分为实习和生产两个车间，到 1958 年 1 月，北航“实习工厂”改名为“附属工厂”时，已辖有实习、生产、仪表、印刷、木工 5 个车间。在当时社会“大干快上”的形势下，学校决定根据型号生产需要，筹建试制工厂，并于 1958 年 8 月 1 日举行开工庆典仪式，因此工厂定名为“881”厂，厂房位于现无人机所区域。

1955 年，学校成立了生产实习指导委员会，一位副校长担任主任，后又制定了《北京航空学院下厂实习保密暂行规定》等一系列规章制度。为加强对实习工厂的警卫工作，

北航校办工厂旧址（第二馆）

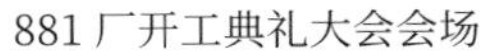

881 厂开工典礼大会会场

武光院长为 881 厂破土动工剪彩

有关部门请解放军担任警卫工作，个别车间建立了严格的出入检查制度。实习车间要生产一些设备，包括 1958 年中央倡导并号召一定要把淮河治好，当时需要的应变仪要达到国家要求，所以北航为治淮工程做出了重要贡献。再后来，881 厂与北航附属工厂合并，仍称北京航空学院附属工厂，人数最多时达 1 200 多人。

从历史的角度看，中华人民共和国成立后的“一五”后期，中央为培养高校学生艰苦奋斗、勤俭朴实的作风，提出“勤俭办校”“勤工俭学”的方针，北京的高校率先利用各自的教学设备和科技力量，结合教学试行勤工俭学。据《北京日报》1958 年 2 月 12 日六版《航空学院重点试行勤工俭学》的报道，北航两个系的 300 多名学生利用寒假到学校附属工厂参加劳动，涉及铸、锻、焊、木等 10 个工种。在教师和技工的指导下，学生们自己动手生产混凝土应变计和静动态应变仪等几十种产品。对于北航带的好头，北京市第三地方工业局与清华大学、北京工业学院和北京航空学院三所高校签订协议，让这些高校分别承担 10~20 项产品设计与加工任务，北航接受的任务是突击测绘或设计小型台床、自行车、手表和缝纫机等。北航学生所做的铸件合格率高达 90%（来源 1958 年 2 月 21 日《北京日报》1 版《“首都高等院校同地方工业协作》）。

变寒假为工作日　把車間当做課堂

航空学院重点試行勤工儉学

本报訊　昨天，北京航空学院兩个系的三百多个学生，在学校附屬工厂里开始了他們劳动生产的第一天。在这个寒假里，他們將通过自己的劳动，为全校今后全面展开勤工儉学活动积累經驗，并为国家創造財富。

同学們分别参加鑄、鍛、焊、木等十个工种，在教师和技工的指导下，自己动手生产混凝土应变計和靜动态应变仪的零件、拉力試件、叉子、水壺、地漏、管接头、小馬扎、小凳子、高凳等十九种产品。

同学們以百倍的信心和干劲迎接这次勤工儉学的活动，在十日下午举行的誓师大会上，大家宣誓要做一名勤工儉学的尖兵，要胆大心細，多生产出合乎规格的产品。他們还提出保証，在劳动中一定要遵守劳动紀律和操作規程，不出事故、不出廢品；要爱护工具、节約原料，并放下架子，虛心向工人学習。許多同学还表示，要在这个新的起点再躍进，在今后的生产实踐中，爭取把自己鍛煉成为又紅又專的工人阶級知識分子。

过去几年来，北京航空学院在利用教学設备和技术力量，結合教学和科学研究組織生产活动方面，已做出初步成績。他們的經驗引起了有关領导部門和許多高等学校的重視。目前，勤工儉学問題已成大家談論的中心，大家信心百倍地要求在原有的成績上再大躍进，决定下学期將在全校范圍内广泛展开勤工儉学的各种活动。

1958 年 2 月 12 日，《北京日报》第 6 版

附属工厂业余生活（后排左三为李鉴洋）

附属工厂内部供学生实习用的机床

原北航机械厂学工车间

同学们正在金工厂实习（钻床）

总体来看，北航的教学科研用房有 881 机加工厂、铸造厂、锻造厂、钣金车间、老三馆（发动机）静压试验室、风洞馆及流体力学楼、气源压气站、雷达工作库、热能实验室、导弹陈列室、405 发动机构造馆、压气机站、403 实验室、403 化学品库、西山基地、酸洗车间及废水处理站、焊接楼、金属蜂窝车间、505 实验室等，这批科研用房同时满足了学校教学、科研、实习等工作的需要。2000 年以后，随着学校校园建设规模的不断扩大，附属工厂部分厂房被拆除，被建设成教学科研用房。

在原校办工厂的位置建设了为民楼、无人机楼等科研办公建筑

北航新主楼 1

北航设计二十年

叶依谦

为北京航空航天大学做建筑设计，始于 2003 年参加北航新主楼的设计竞赛，至今 20 年了。

20 年前，我们的参赛方案有幸被选中为实施方案，并被委托开始了从方案至施工图的建筑设计。新主楼于 2006 年建成并投入使用，并在很长时间内保持着“亚洲第一大单体教学楼”的称号，20 年来获得了一批又一批北航师生的普遍赞誉，也得到设计同行及高校的认可，这令我们十分欣慰。

—

北航新主楼实现了我们的设计初衷：它要毫不含糊地传达“面向未来，关照传统”的理念；它要和城市、校园建立一种清晰的、友好而不讨好的关系；它要大度从容不浮躁，讲究而不粗糙；它要有自我风采甚至要优美，不能陷入大而无当；它要成为在校学子的骄傲，成为他们未来记忆中美好的一章……

之后，我们持续为北航提供建筑设计服务。十几年来，从北航新主楼确立的设计理念出发，在所经历的大大小小各不相同的项目中，我们坚持将每一次设计都放入北

北航新主楼 2

北航新主楼 3

航的历史和校园的整体环境中去寻找定位，同时对建筑单体本身追求高品质的完成和恰如其分的形象表达。这个过程也伴随我作为从业建筑师的成长过程，为我持续思考大学校园建筑设计提供了机会，尤感珍贵。

在北航新主楼完成之后，我们先后承接了北航科技园唯实大厦和致真大厦的设计。这两座大厦不但和北航新主楼一样处于学院路校区和城市的交界处，而且面对城市更加开放。这种定位使得我们进一步考虑它们作为校园的一部分和城市振兴的关系，同时在一如既往地追求高品质完成度的同时考虑如何向前推进一步，在营建中更关注人所处的环境。

唯实大厦是兼具科研办公和交流中心功能的综合体建筑，投资控制比较紧张。我们努力通过精细化设计去满足各项功能需求，同时营造得体的建筑形象和空间场所。而致真大厦是服务于科创企业的科研建筑，在地理位置、规划、资金条件等方面均较为理想。建设前，怀进鹏校长提出了美好愿景——希望打造一座精品建筑，一座北航新地标。通过设计竞赛，我们取得了这个项目的设计权。

北航新主楼 4

北航新主楼 5

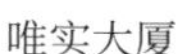
唯实大厦

致真大厦 1

以保证灵活高效的基本功能为前提，在致真大厦的设计中，我们着力以绿色和人性化的设计实现高品质的空间环境。我们在建筑中央区域的首层塑造了一个室内四季景观中庭，作为整座建筑的核心休闲空间，建筑南北入口门厅、公共配套服务用房均围绕这个景观中庭设置。此举的目标是在城市核心地带的高层建筑中提供一个人与自然要素能够亲密接触的场所，因此需要在满足四季常绿植物品种所需的温湿度、光照环境和人的体感舒适度之间取得平衡。为此，我们协同多个专业顾问团队在空间营造、环境技术、绿化景观等方面做了整体性的创新设计，最终呈现的效果是令人满意的。这有别于常规的植物温室，这个景观中庭在保证了四季植物繁茂的同时，还为人们提供了一个光线充沛、环境宜人的公共休闲场所。正是这个景观中庭赋予了致真大厦一种不同于一般科研建筑的浪漫气质。在这里既有自然原型，也有人工与景观的重新对话；既有开放与共享的结合，也充满互动与共生的设计策略。

致真大厦 2

二

随着北京 2016—2035 新总规的颁布，北航学院路校区也进入了城市更新、存量发展的新时期。最近几年，我们先后完成了若干校园内的更新类项目——通过不同的介入方式，服务于校园的新陈代谢，使得校园的环境不但更加有秩序，也更加有气质。我们的设计既关注校园秩序的整理和使用功能的提升，也珍视历史记忆的保存——通过更新，衔接历史与未来，承载一代代北航人在校园里的学习、工作和生活；通过更新，更细致入微地服务于人，为学子和教师、员工营建能够铭刻记忆的环境与元素。

我们接手的第一个更新类项目是校园北区宿舍和食堂。该建筑群始建于 20 世纪五六十年代，由多座建筑组成，近年来其整体结构安全和使用状况都已达到极限，亟

学院路校区北区原状

北区宿舍、食堂规划模型

须重新规划建设。同时，凝结着众多北航校友记忆的第一座女生宿舍——十三号宿舍楼也坐落于此，如何保留这段珍贵的历史记忆是需要考虑的问题，这要求我们要敬畏历史与前辈，书写更美北航建筑。

我们首先确定的总体设计理念是塑造公共环境：将北航学院路校区唯一的公共绿地——绿园向北延伸至北区宿舍组团院落内，并且继续向北拓展至临北四环路的带状绿地。经过这一转变，原先建筑布局凌乱、公共空间缺乏的北区环境获得秩序。第二个总体设计理念是打造书院式宿舍区，为宿舍楼配置自习教室、社团活动用房、生活服务设施、健身设施等相关配套功能，以最大限度地满足学生生活需求。因为地上规模不能增加，我们就将其向地下发展，在地下一层设置配套功能，并将宿舍庭院整体下沉至地下一层，形成了“双主层”的新宿舍建设理念。

对于具有历史记忆价值的十三号宿舍楼，我们对最有特色的门头部分做整体测绘，并在拆除过程中完整保留全部构件，最终将其复建于下沉庭院的南侧，成为“十三楼纪念馆”的入口门头。

学生十三号宿舍楼门头复建

北区宿舍、食堂

新北社区下沉庭院绿化

新北社区平层景象

新北社区食堂攀岩墙

宿舍、食堂北侧绿带

新北社区下沉庭院一角

新北社区食堂

新北社区食堂

健身房

超市

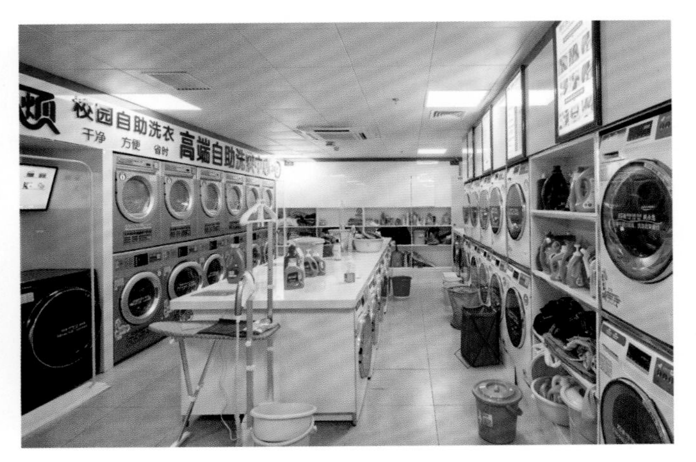

自助洗衣房

2017 年，北航师生亲切地称焕然一新的北区宿舍、食堂为“新北区”，并对这种新的生活区模式给予了充分认可。

我们承接的第二个更新类项目是 5 号实验楼、北区实验楼设计。说到这个项目，就必须提及北航的校园建设史了。北航始建于 1952 年，是当年学院路“八大学院”之一。最初的校园规划和第一批教学楼设计都是由我们设计院（当年的“北京市设计院”）完成，主持设计师是我院初期著名的“八大总”之一杨锡镠先生。我们在北航档案馆

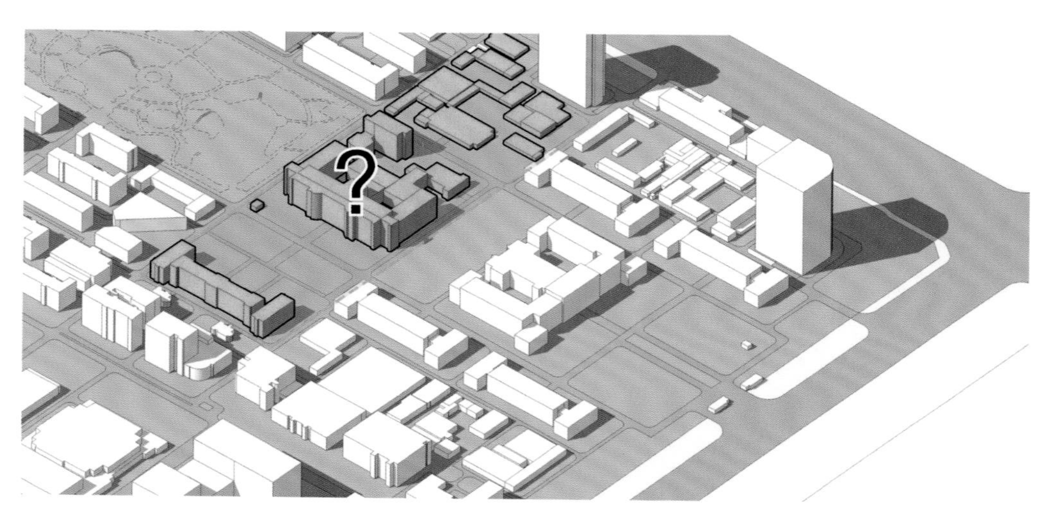

教学区原布局示意图

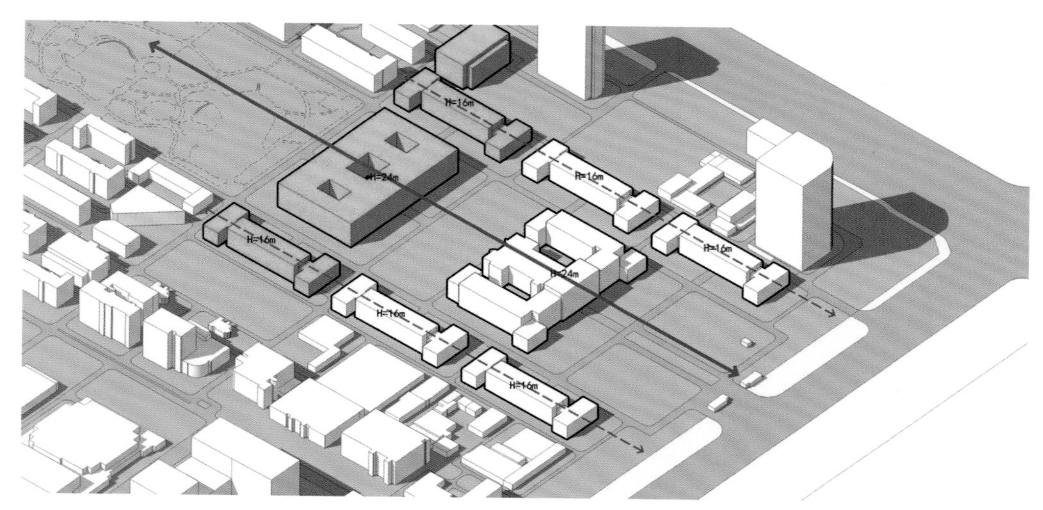

教学区远期规划示意图

里调阅了当年设计图纸的珍贵档案，杨先生的亲笔签名清晰可见。在第一批教学楼（包括老主楼和一至四号教学楼）建成后，由于历史原因，之后的教学区建设没有按照最初的有着严整轴线和空间结构的校园规划继续进行，而是呈现出带有自发性和实用主义式的发展特点，其结果使教学区经过几十年的建设，整体空间结构缺乏秩序性，建筑风格虽时代特征强，但校园整体风貌比较散乱。

拟建设的 5 号实验楼、北区实验楼毗邻上述第一批教学楼，要在拆除数座现状较差的既有建筑的前提下进行建设。能不能利用这个契机，整理一下北航的校园规划呢？通过与校方的充分交流，我们取得了共识：在对校园规划进行梳理，对校园空间结构进行织补的基础上进行方案设计。为此，我们分析论证了最初校园规划的东西向轴线体系向西继续延展的可行性，以及原规划空间结构与现状建成区之间有机结合的具体措施，由此提炼出了“学贯东西”的校园教学区规划主轴线结构。

按照上述经过梳理的规划布局，在远期规划中，拟新建的校行政楼与 5 号实验楼沿东西主轴线对称布置，新图书馆则位于主轴线的尽端，成为教学区的西核心，与老

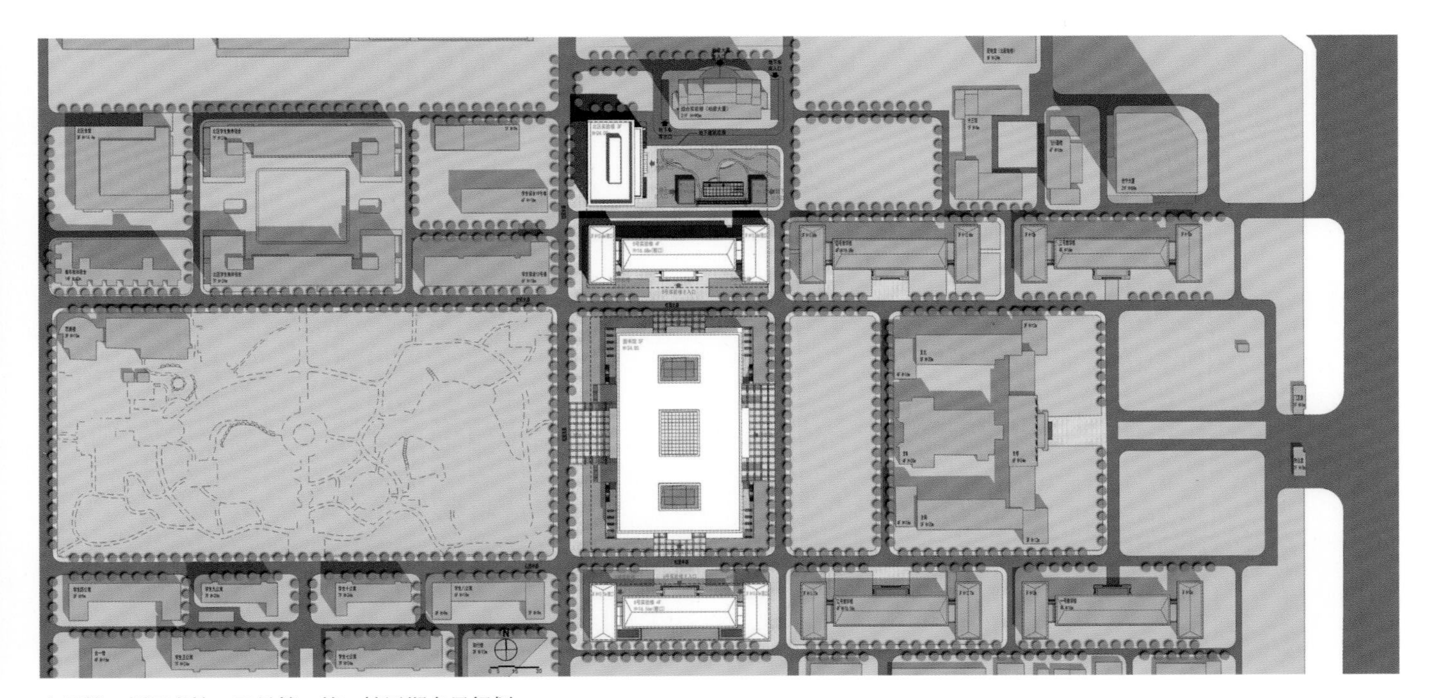

六号楼、新图书馆、五号楼、第一馆远期布局规划

主楼遥相呼应。

作为主轴线北侧的建筑，新建的五号实验楼应该采取与其毗邻的四号楼（教学楼）一致的建筑体形和立面风格，以帮助形成轴线秩序。而北区实验楼又位于五号实验楼北侧，与毗邻的柏彦大厦一起，组成了一个围合式院落空间。在地上规模被限定的条件下，五号实验楼、北区实验楼采取了与北区宿舍、食堂一样的向地下发展营建环境的策略。我们为地下部分设计了一个采光中庭，使地下 3 层的实验室均围绕中庭布置。

这两座实验楼于 2019 年建成，按照学校的命名规则，5 号实验楼定名为五号楼，北区实验楼定名为第一馆，正式纳入学校教学、科研体系。

五号楼 1

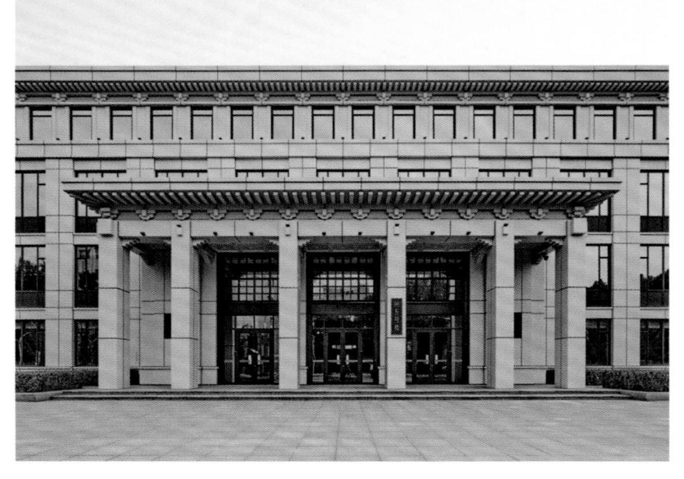

五号楼 2

第一馆

采光中庭

地下实验室

我们承接的第三个更新类项目是三号楼改造。三号楼属于被列入第一批“北京优秀近现代建筑保护名录”、第三批“中国 20 世纪建筑遗产名录”和“北京第二批 315 栋历史建筑名单”中的“北京航空航天大学近现代建筑群”。其总设计师就是前面提到的杨锡镠先生。改造内容包括结构加固、必要的平面布局调整、外围护结构修缮、内装修以及机电系统改造提升等。

对这样一座历史建筑进行改造设计，是我们遇到的全新挑战。对此内涵丰富的北航记忆建筑遗产，要在发掘中保护，更要在利用中传承。通过与校方、建筑遗产保护专家和结构专家召开多次研讨会，我们明确并坚定了改造设计的原则：首先要最大限度地保持建筑原有的立面风貌和室内空间特色；再就是对于历史建筑的改造不应是“返老还童”，而应重在“延年益寿”，也就是说不能过度改造。

三号楼原貌

基于上述原则，我们在对三号楼外围护结构的保温、防水性能做提升改造的同时，完整保持了原立面的风格、色彩和细部构造；对室内空间做了仔细研究与梳理，保留了极有特点的入口门厅的天花彩画、水磨石地面、主楼梯的栏杆扶手、走廊门、大阶梯教室的课桌椅等，仅仅对其采取修缮、翻新处理。同时，做必要的结构加固，调整

三号楼立面改造前后对比（组图）

平面格局，增加电梯和无障碍设施，升级改造机电系统和消防系统。三号楼于 2020 年北航 68 周年校庆前夕完成改造，并重新投入使用。

学院路校区是北航的老校区，承载着北航 70 年辉煌的历史，但同时因为其所在的地理位置已经成为北京市的中心地带，发展空间匮乏，因此在 21 世纪初北航要发展必须开始沙河校区的建设。

门厅改造前后对比（组图）

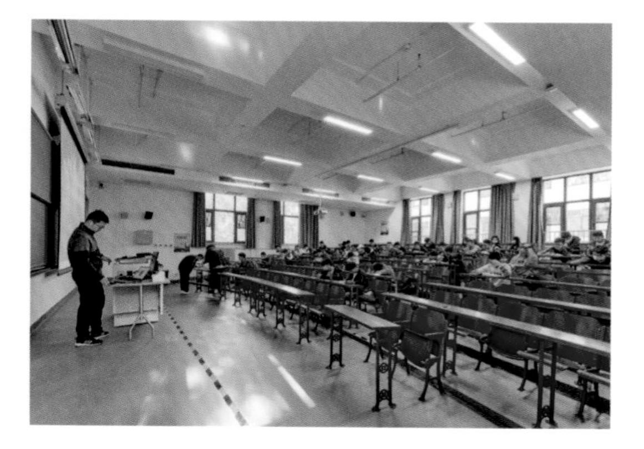

大阶梯教室改造前后对比（组图）

主楼梯改造后

走廊改造前后对比（组图）

三号楼

三

沙河校区最初的定位是本科低年级的教学生活区和科研区，学院路校区则是本科高年级和研究生的教学生活区和科研区。经过十几年的建设，北航沙河校区陆续建成了一期教学组团、一期宿舍生活组团、体育馆以及沙河校区主楼。

随着北京新总规的实施，学校调整了两个校区的战略定位，从按照年级划分改为按照学科划分两个校区的功能，也就是说要将部分院系整建制迁往沙河校区。根据这样的战略转变，沙河校区原先的校园规划就需要随之调整，以满足新的功能定位，并尽可能为远期的发展留出空间。我们是在这个时间节点参与到沙河校区的规划调整及新项目设计工作中的。

北航沙河校区规划鸟瞰图

在 2016 年至今的几年时间里，我们先后完成了多轮校园规划调整方案，将原先规划的大分区模式调整为书院式的组团分区模式，并为远期发展空出了整块的建设用地。同时，我们也承接了沙河北区宿舍、食堂组团、留学生宿舍组团、二号科研组团及沙河校区图书馆设计。其中，北区宿舍、食堂和留学生组团已建设完成并投入使用。它们以“书院式”社区的功能与形象，充分满足了北航沙河校区的发展之需。

在沙河校区，我们延续着对于大学校园设计的理念，并针对新的条件和挑战进行持续思考。无论在学院路还是在沙河，为师生员工营建一个兼具功能性和体验性的良好校园环境一直是我们的追求目标。为此，我们建立了从规划入手、在时间和空间关系中寻找定位、坚持高品质完成度的工作思路与模式，在 20 年的实践中，这一思路得到逐渐完善，臻于成熟。

沙河校区宿舍 1

沙河校区宿舍 2

留学生宿舍组团内庭院

沙河校区食堂

沙河校区宿舍 3

沙河校区食堂南立面

沙河校区二号科研组团设计效果图（在建）

沙河校区图书馆设计效果图（规划）

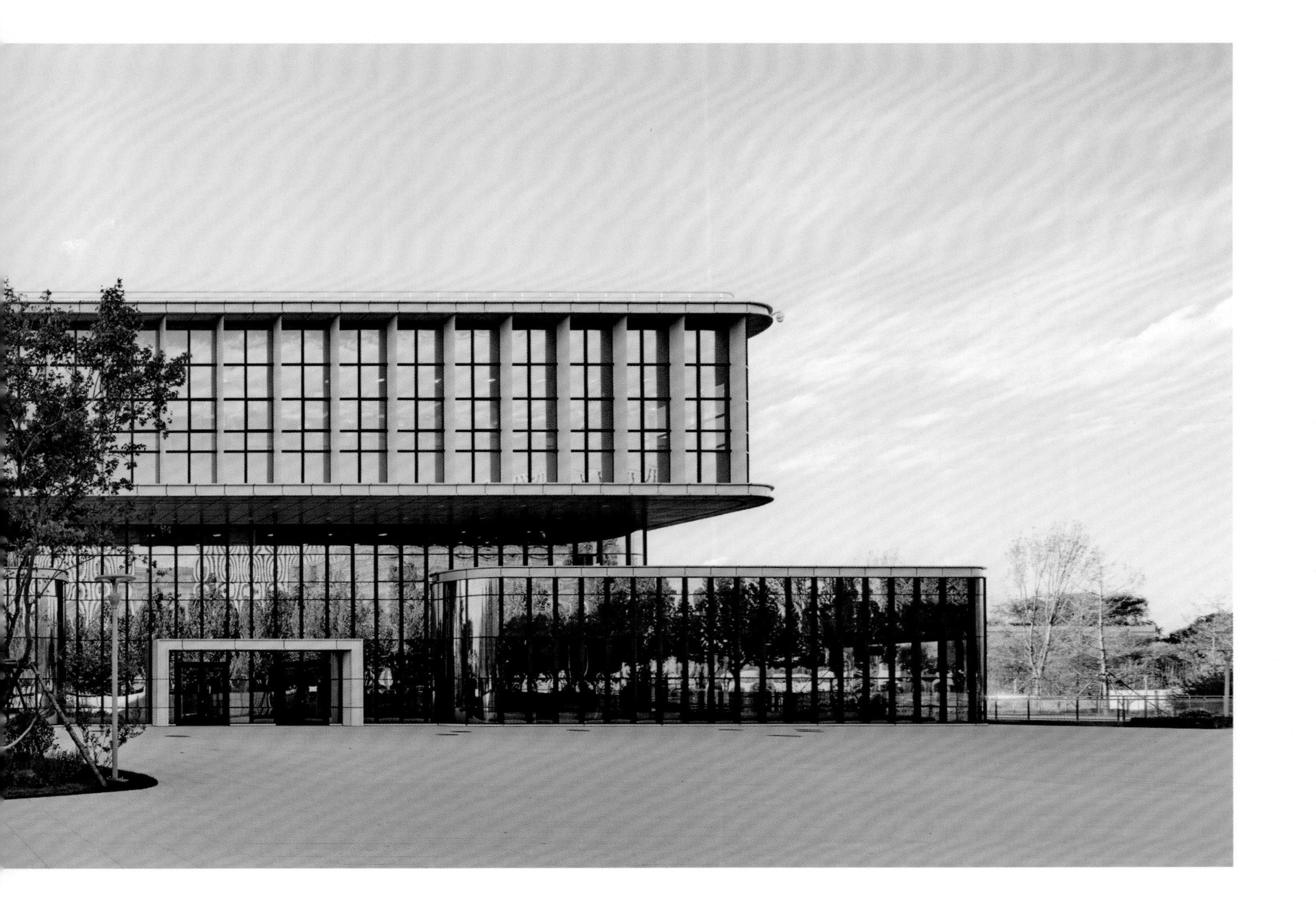

2003 年至今，为北航的设计服务一直在路上，沙河校区二号科研组团将于 2023 年竣工，图书馆设计也正在持续深化中。学校建设管理团队的专业水准，甲乙方之间的相互信任和有效沟通，提高了建筑设计的完成度和高质量建筑实现的可能性。我认为，校园的能力建设重在助力培养拥有知识视野、创新思维与技能的人才，一个校园的创新空间建设旨在园区与创意集聚区的形成，不仅要营造创新的建筑环境，还要勇于对

沙河校区图书馆（效果图）

空间组织模式做综合考量。回首这段时光，对北航给予的信任我们充满感激，更为有机会见证北航这 20 年来的飞速发展深感荣幸！今年是北航建校 70 周年，我们能够参与近 1/3 的学校发展史，是我们莫大的骄傲！也期待继续为北航校园的发展贡献绵薄之力！

作者：北京市建筑设计研究院有限公司叶依谦工作室主任

我也是北航校园建设的亲历者

单凯峰

自 2005 年，我加入北京航空航天大学建设工程项目管理的“大家庭”，至今已步入第 17 个年头，在这些年里，我与同事们携手工作在工程项目建设管理的一线，历经无数严寒与酷暑，参与并见证着一座座精品建筑和民生工程的创建历程，这些工程的投入使用为学校的建设和发展提供了支撑和动力，也赢得了学校师生和业内外人士的好评。作为参建团队中的一员，我感到荣幸和自豪。

恰逢金秋十月，桂花飘香，北航迎来建校 70 周年华诞，在如此特殊的历史时刻，我想将自己参与的北航校园建设的“故事”与感受分享给大家，祝愿北航校园建设扬帆远航。

一、学院路校区：从北航新主楼到“新北社区”

北航是全国最早从工程建设及设计领域中引进专业人才、组建业主方专业建设项目管理团队的高校，而我与北航的结缘，正是得益于当年学校领导班子对校园建设管理模式的大胆创新。我于 2005 年初正式加入北航东南区建设项目管理部，参与建设管理的第一个项目就是学院路校区新主楼。项目由北京建院叶依谦总建筑师主持设计，我有幸在新主楼项目中与他相识与配合。

北航新主楼是迄今为止亚洲最大的单体教学科研综合楼，总建筑面积达 22.65 万平方米，建筑采用院落式布局，地上部分由周边主副塔连接而成的教学科研办公楼及中央学术交流中心组成，学术交流中心屋顶平台被打造成蔚为壮观的绿化休闲广场，整体建筑外观朴素、大气。地下部分充分融合了设计团队的巧思，将原定的地下管廊改成地下车库，大大提高了地下空间的利用率。在地下空间利用还处于不太被重视的阶段，这个充分利用地下空间的设计理念在当时是非常超前的，也为现在学院路校区解决停车难问题提供了巨大的帮助。此外，新主楼的“综合体”概念也十分突出，集合了教学、科研、办公、会议、物业管理等诸多功能，堪称高校建筑综合体的启蒙之作。北航校园规划建设工作从该项目中汲取了

新主楼施工现场

新主楼

大量宝贵经验，不仅提升了校园规划建设理念，而且为后续项目的建设工作起到了引领和指导作用。新主楼是北航唯一获得“鲁班奖”的建设项目，虽从建成到投入使用已经 16 年了，但从建筑的功能设计、施工品质、建筑外观形象方面至今都很难被超越，一直是北航标志性建筑之一，也是北航著名打卡地，深受校内外师生的喜爱。

继新主楼的成功建设之后，学院路校区周边的几座集产学研、办公、产业孵化等功能为一体的高层科研楼也成为学院路、知春路地区的标志性建筑。如唯实大厦，建筑高 99 米，建筑面积 7.3 万平方米；致真大厦，建筑高 99 米，建筑面积 22.5 万平方米。致真大厦是一座产学研一体化的综合体办公楼，入驻了大量的前沿科研机构，是北航科研技术成果向产业转化的重要平台，为学校发展和人才培养做出了重要贡献。诸此种种皆离不开北航管理者、建设者的辛勤努力和默默付出，大厦内部近 2 000 平方米的室内景观庭院则是项目团队对“上善若水”理念的完美诠释与践行的成果。

新北社区

2015 年初，北航学院路校区新北区的重新规划正式立项，项目设计工作由叶依谦总建筑师的团队完成。这个后来被称为“新北社区”的规划包括“北区宿舍食堂”和“五号楼、一馆”两个项目。其中“北区宿舍食堂”项目将学生们的住宿、餐饮、学习、研讨、书院管理、购物、休闲等功能进行了科学整合，是北航第一个集生活、学习等多功能为一体的综合体项目。地下空间的开发利用是这个项目的亮点之一，通过科学规划和巧妙设计，地下重要的功能区域利用窗井和下沉庭院采光通风，使用品质、视觉效果基本和地上区域相当。地下空间的合理利用，除提供了大量教学、生活配套用房外，还提供了 700 多个车位，有效缓解了学院路校区地面停车的难题，使整个校园环境大大改善。这个项目通过施工阶段的合理策划，实际工期比合同工期提前 8 个多月竣工移交，为项目运营准备提供了充足的窗口期。

“五号楼、一馆”项目是集教学、科研、实验教学、学院办公等功能为一体的教学类的综合体，它注重与 20 世纪 50 年代一至四号教学楼近现代设计风格的呼应和创新，对设计和施工管理都有一定的挑战。该项目在设计阶段，首先借鉴了“北区宿舍食堂”项目的设计经验，充分利用窗井和庭院改善地下房间的采光和通风，提高地下空间的使用品质；其次创新性地对人防区域结合实验功能进行合理设计，大大缓解了学校实验室面积紧张的问题，改善了实验环境，促进了学科发展；最后巧妙利用铝板玻璃等现代建筑材料，在重塑传统建筑外形的同时表达新时代的技术品质，其檐口、线脚、抽象的斗拱等建筑细部表达增加了建筑的层次感，彰显了北航深厚的文化底蕴和文脉传承，也为仿古建筑的发展积累了宝贵的经验。该项目受“人类命运共同体”理念的启发，我们逐步确立“建设项目命运共同体”的管理理念，管理过程中不断贯彻“合则两利、斗则俱损”的管理思想，通过合理组织、科学策划使项目在 2020 年元旦前竣工验收并移交，工期提前 10 个多月，避开了 2020 年春节爆发的史无前例的新冠肺炎疫情。虽然该项目交付已 2 年之多，但至今回想起来仍让人心有余悸，如果工程建设稍微慢一慢、缓一缓，那将给学校和国家造成难以估量的经济损失和难以预测的未知风险。

二、沙河校区：由北航“双核”模式开启“书院式”社区

在学校前瞻性地确定了“双核发展”的办校理念下，随着双核发展的逐步推进，为满足师生教学、住宿、餐饮的基本需求，沙河校区西区规划建设被提上日程。西区宿舍、食堂项目，建筑面积 14.8 万平方米，于 2019 年 8 月取得初步设计批复，2020 年 1 月 8 日开始进行施工的各项准备工作。原计划在春节后大干一场，可疫情的突然暴发让我们猝不及防，工程建设也面临全面停工的风险。为此，项目团队经过反复研究，决定迎难而上，于 2020 年 1 月 22 日就对疫情防控和节后施工做出提前部署，并提出“把疫情防控和项目风险管理作为重点工作同步落实”的管理目标，此项目成为昌平区在疫情中第一个复工的建设项目。我们通过一系列科学严谨的防疫措施，将工人兄弟从全国各地安全地接到工地，为施工创造了积极条件。

在当年的疫情中进行项目建设面临的困难是常人难以想象的。封存舍不下的亲情，是因为心里有放不下的责任，面对天灾，不能再添人祸！那时我的女儿出生还不满百天，为了把全部精力投入项目建设中，我把妻、女安排在内蒙古岳母家中，逆行而上，吃

书院社区

住在项目现场，与许多项目工作人员共同封闭于现场七个多月，战斗在防疫和施工一线，以确保项目最大限度地顺利安全地建设。那段“压抑、焦灼、无奈”及“借问瘟君欲何往，纸船明烛照天烧”的共同奋战经历，至今令人难以忘却。“艰难方显勇毅，磨砺始得玉成”，这是我用行动给孩子的教育，如今我的女儿已经快满三周岁了，我相信女儿长大后一定会理解我！

除疫情的种种困扰外，西区宿舍、食堂项目还面临建设资金紧张、材料设备涨价等诸多问题，于是我们对整座建筑的功能、做法和工艺做了梳理和优化，节约成本达3 000多万元。为了避免材料涨价对项目资金造成影响，我们提前组织施工单位采取赶工措施，恰好在材料涨价高峰期到来之前完成了项目的主要施工内容。这一优化管理措施，又避免了4 000万元的材料涨价费用。通过参建团队的艰苦努力，项目最后仅用时17个月，于2021年7月便交付使用，将工期提前了45%，确实创造了建设奇迹。

西区宿舍、食堂项目的目的是打造“书院式”社区，我所理解的“书院”不是一个单体建筑的概念，一方面它需要硬件去支撑，包括环境、功能的合理布局和营造，另一方面建筑还要充分诠释北航的“人文精神”，体现“共享”与“融合”的理念。项目整体依托中国传统建筑共享院落的生活方式，利用5栋宿舍楼围合出4个绿庭，以“春华、秋实、天问、揽月”作为景观的核心区，地下和地上的景观互相呼应，营造浑然一体、自然的空间景观感觉，体现了北航人空天报国的建校思想与育人理念，诠释“书院”于北航的意义。同时公寓采用单元式设计理念，每个单元设有若干寝室，配置公共的研讨室、卫生间和晾晒区，强化宿舍的私密性和集体的归属感。

“书院式”西区宿舍、食堂项目的建设对于沙河校区整体规划建设的推动作用是巨大的，在进度、成本、质量、功能设计、后期维护等各方面都具有很大的借鉴意义，也真正实现了沙河校区由改造搬迁阶段向建设搬迁阶段的转变，是沙河校区规划建设迈入新阶段的里程碑，也是北航校园规划建设历史中浓墨重彩的一笔。

西区宿舍、食堂项目在疫情中的成功建设，对我们整个建设管理团队都带来了极大的鼓舞，也奠定了我们对能够建设好后续项目的信心和决心。通过不断总结、积极应对，加上全体参建单位的凝心聚力、负重前行，我们成功摸索出了一条在疫情防控

留学生公寓开工仪式照片 （2021.04.08）

常态化管理下“防疫战疫不怯疫、保质保量促生产”的工程建设管理模式，并在后续的留学生公寓项目、学生 10 公寓八号楼项目和二号教学科研组团（一至四号楼）项目建设上进行运用和完善，具有重要的实践价值。

留学生公寓项目建筑面积 6.5 万平方米，具有住宿、餐饮、学术交流和会议接待等多种用途，填补了北航沙河校区和周边兄弟院校高标准会议接待功能的空白。项目于 2021 年 4 月开工建设，2022 年 4 月竣工验收备案并正式移交，比合同工期提前了 14 个月（总工期为 27 个月），也为该项目能在学校 70 周年校庆前启用奠定了坚实基础。

学生 10 公寓八号楼项目建筑面积 4.5 万平方米，旨在进一步满足学生住宿生活需求，进一步拓展师生“书院式”社区生活半径，并着力打造沙河校区行政办公中心，服务学校双核发展格局。项目自 2021 年 7 月开工建设，计划 2022 年 9 月新学期之始时竣工移交，预计工期 14 个月，计划提前 11 个月完成竣工验收。

二号教学科研组团（一至四号楼）项目建筑面积 12.2 万平方米，建成后用于支持搬迁至沙河校区的各学科群的建设，为材料学院、航空学院、机械学院以及工程训练中心等面积需求大的学院、学科提供实验、教学、办公等条件，促进国防科技现代化研究和各学科基础研究深度融合，扎实推进国防科技创新人才交流与平台建设，助力学校“双一流”建设和国家现代化征程发展。项目自 2022 年 4 月开工建设，2022 年 6 月地下结构已全部出正负零，肥槽回填全部完成，彻底解除了汛期降雨基坑泡槽风险，地下机电管线已提前插入施工，为进一步提前竣工打下坚实基础。本项目力争 2023 年 12 月竣工，计划提前工期 18 个月。

自加入北航建设项目管理团队以来，我参与建设管理了近 105 万平方米的建设项目，获得“鲁班奖”的项目有一个，获得“国家优质工程奖”的项目有两个，最好的青春年华伴随着北航的发展和壮大度过。恰逢我校喜迎 70 年校庆，回想起那些岁月，整个建设历程仍历历在目，虽然我现在已是青丝添白发，但我好像还是昨日那个青涩的青年，壮心不已。因为这些项目都是民生工程、树德工程，是关系到国家空天领域安全的工程。我们建设者正是引凤凰来北航的筑巢人，是改善全校师生学习、生活、教学科研等硬件条件的服务者。尤其在 2020 年全球新冠肺炎疫情暴发后，我们的建设团队勇于担当，放下躺平的私心，“不忘初心，牢记使命”，积极推动复工复产，助力经济发展，诠释了北航人的大爱。

从学院路校区到沙河校区，一路走来，我参与了北航的建设与发展，北航见证着我的成长与进步。在一次次的项目建设过程中，我们始终确立为学校打造“精品工程”的目标，逐步更新完善融入“项目命运共同体”“居安思危”“知所先后则近道矣”“凡事预则立，不预则废”等好的建设管理理念；合理节约安排使用学校建设资金，最大化地发挥一切资源的有效利用价值；在提前策划的基础上进行科学决策；加强团队的组织思想建设，激发团队斗志。参建单位互相协作、共同担当、积极交流、互相学习与帮扶，共同完成了一栋栋高效优质的建筑。“吃水不忘挖井人”，我们要记得校领导、师生给予的高度评价，更不能忘了那些参与工程建设、洒下辛勤的汗水、忍受远离亲人的心酸与无奈的农民工！借此机会也向所有在北航校园规划建设中给予指导帮助的领导专家及所有参与北航规划设计建设任务的建筑师、工程师们表示由衷的谢意。

作者：北京航空航天大学沙河校区建设项目管理中心总工程师

环境人文皆佳的校园景观

李嘉琦　程翔

要读懂北航的校园建设，绝不能离开北航校园景观的建设与记忆，其中不仅有建设者的故事，更有环境人文景观筑就的绝佳场景。景观虽需要依托自然资源要素，但更离不开设计者的精妙人工营建。

一、学院路校区

学院路校区内设置有 3 片休闲绿地——静园、绿园、晨读园，它们共同构成了学校的中心绿轴。这 3 片绿地在 20 世纪 50 年代学校建设初期便完成了规划建设，在之

静园 1

静园 2

后的 70 年时间里，不断更迭变化。我们今天看到的 3 处景观环境，分别是 2002 年建校 50 周年改造的绿园、2017 年建校 65 周年改造的晨读园和 2022 年建校 70 周年改造的星空之路。

绿园

建校初期，绿园原本是一片荒地。建园、挖湖是 55 级毕业班的任务，当时人工湖已有雏形，种植主要以乔木为主，花草等绿植还处在比较自然的生长状态。

绿园 1

绿园 2

绿园 3

绿园 4

2002 年建校 50 周年来临之际，为了提升校园环境，同时响应北京市政府提出的“黄土不露天”的环境治理要求，学校决定对绿园进行设计改造。这次改造不仅首次引入了“立体化”校园景观建设理念，还充分考虑了景观效果和后期养护成本。改造前的绿园虽有水池、小桥等元素，但受建设年代和经费限制，并没有运用如“掇石理水”等真正意义上的园林处理手法。改造从小水池入手，新建了跌水景观，配以层层叠叠的山石，落差空间的营造一扫之前平面化的状态，给这片有着“北航绿肺”之称的中心绿地增添了几分江南园林的意境。重新规划建设的园路体系中增加了“健身步道”，辅以精心设计的植物，营造出曲径通幽的氛围，为师生提供了一处健身游玩的好去处。在植物种植方面，对原有乔灌木予以保留，并根据季相特点引进了种类丰富的绿植草花，如碧桃、鸢尾、玉簪、迎春等，丰富的植物配置使得绿园在学院路校区自成一景。

改造后的绿园，园中有池，池中有岛，夏季荷花满塘，秋季野鸭成群，俨然已形成了独立的生态循环系统。绿园也自此声名远扬，逐渐从“校内公园”发展成为城市园林景观的一部分，深受校内师生和附近居民的喜爱，大家在这里休闲漫步、游憩健身，这些都慢慢构成了北航独具一格的景观。

晨读园

位于校园中心绿轴中段的晨读园东临老主楼，西接图书馆，南北两侧是老教学楼。虽然地处教学区中心位置，但在 2017 年改造之前，这片绿地的使用率并不高。过度围合的绿篱、长势杂乱的植被、缺乏导向的游线、老旧的设施，都是导致师生不愿进入晨读园的原因。

考虑到晨读园紧邻老教学楼，是师生户外学习交流的重要场所，同时园内的雕塑、凉亭等均由校友捐赠，这里确应是一个具有纪念意义的场地。所以这次改造将凸显场地特征放在首位，结合空间营造和植物搭配，以期打造成一处能唤起师生记忆，同时又能为师生提供户外学习、交流空间的校园景观场所。根据使用功能、周边楼宇出入口和原有植被分布情况，建设团队对场地进行细部空间划分，从北向南划分为密林休闲区、疏林草地区和交流晨读区，并在游线体系中新增了

晨读园 1

晨读园 2

一条南北向的主要通道，用于缓解高峰期从宿舍区到主楼上下课的人流，也进一步强化了场地和周边楼宇之间的联系。改造过程还对校友捐赠的雕塑、凉亭重新刷漆翻修，利用灯光照明丰富夜间的景观效果，最大限度地保留其纪念意义，希望在教学区内增添一处能唤起师生和校友回忆的景观场地。在种植方面，设计人员秉承“基本保留、合理移除、适当移植、少量补植”的原则，对原有植被进行梳理，保留场地中长势良好的白蜡、五角枫、法桐等高大乔木，对部分晚樱、榆叶梅等开花植物进行移植，打造花开成片的观赏效果，在背阴处种植耐阴植物，以完善园内植物各个区域的植物观赏性，营造出从北向南、由密林至疏林场地的过渡空间。

经过景观提升改造后的晨读园使用频率得到了大幅提高，尤其是重新规划的交通游线使得上下课高峰时段周边的交通压力缓解不少，新增加的活动空间也为师生户外交流提供了场地。晨读园成了名副其实的供大家“晨读”的园子。

星空之路

2021 年，学校启动学院路校区老主楼抗震加固及装修改造工程，同时对老主楼建筑群周边景观环境进行改造提升，改造范围包括静园、北京一号和北京二号雕塑周边区域、老主楼建筑群西侧庭院空间改造后的景观取名“星空之路”。

“星空之路”位于老主楼东侧，是学院路校区东门入口处的主要景观地块，地理位置极为重要，对景观品质要求较高，是展示校园文化、校园形象的重要节点。本次改造从硬质景观和植物景观两方面入手，以综合提升老主楼建筑群周边的景观效果和空间品质。其中重点改造区域为主楼东侧至东门之间，包含校园景观轴线、静园、主楼东侧前广场及广场南北两侧绿地。景观中轴线的改造将现状主题雕塑纳入综合考虑，通过艺术化的灯光设计手法，在轴线上集中展现学校航空航天的学科特点和深厚的历史文化底蕴，彰显北航科学与人文相结合、理性与浪漫相结合、历史与现代相结合的校园精神。在植物景观改造方面，由于改造前植被长势较为杂乱、缺乏层次和空间感，且植物品种单一，因此本次改造首先对现状植被进行梳理，对现状植物的生长状况进行分级，确定保留、移栽、移除的品种；再从植物空间的开合变化、植物群落的搭配、

星空之路 1

艱苦樸素　勤奮好學
全面發展　勇於創新
沈元書

星空之路 3

植物季相变化，以及分区主题特色等方面入手，重新整合配置现状植物资源，并进行适当的增植补植。其中，中轴区域延续使用对称的种植方式，保留具有纪念意义的法桐大道，其既能起到烘托建筑的作用，也可为道路沿线提供必要的遮阴。静园区域还是保持自然式的种植方式，利用植物围合出疏密不同的空间，以满足师生在此开展不同休闲活动的需求。老主楼建筑群西侧庭院空间则采用混合式种植的手法，采用乔、灌、草搭配的种植形式，打造相对独立的私密庭院环境。

星空之路 4

随着“星空之路”景观改造项目落成，老主楼周边配套设施趋于完善，景观环境得到显著改善，学院路校区中心绿轴亦完成迭代。改造后的“星空之路”和沙河校区主楼“天空之镜”景观遥相呼应，成为师生心目中新晋的“网红打卡地”。

二、沙河校区

2018 年，学校印发《北京航空航天大学沙河校区和学院路校区布局规划（2018—2022）》，两校区布局优化正式启动。随着两校区搬迁工作的有序推进，沙河校区基础设施建设工作也相应展开。沙河校区“天空之镜”景观项目和主楼地库景观项目正是在此期间完成建设的。

天空之镜

“天空之镜”景观位于沙河校区主楼一期南侧，和南大门、主楼构成了沙河校区的中轴线。这里曾是一片长满芦苇的荒地，当时沙河校区主楼一期、二期已完成建设，两校区布局优化正式启动，第一批搬迁学院即将入驻沙河校区，校方希望以此项目为契机，逐步完善主楼周边的环境配套，为广大师生提供更为丰富的室外活动环境。

考虑到“天空之镜”位于学校中轴线上，同时也是主楼前的中心景观，是一处承担着展现沙河校区礼仪性和纪念功能的景观空间，因此采用中轴对称的景观布局形式。中轴线由南北广场和系列水景组成，水景自北向南，包括涌泉跌水、天空之镜雾喷广场和南池音乐喷泉，多样化的水景形式给主楼周边区域带来了活力。北池的天空之镜雾喷广场是一处特殊形式的水景，其底部为双层架空池底，水池由无边界镜水面和冷雾广场交替变化组成，夜间灯光启动形成星云广场。南池矩阵音乐喷泉由 200 个喷头组成，随着音乐的变化，矩阵喷泉可以喷射出不同高度的水柱，结合水下喷泉灯光，展现各种形式的跃动效果。南北水池中间的分隔路下方暗藏着具有循环补水系统的蓄水池，使得南北水池成为两片活水。路段中间有一个直径近 15 米的圆形广场，中间为巨型校徽铜雕。在南北水池倒影的映衬下，以主楼建筑楼宇为背景，圆形广场成了一

天空之镜 1

处浑然天成的室外舞台，它所塑造形成的公共空间和文化语境更是为沙河校区注入了浓郁的人文气息。中轴水景东西两侧为草坡绿地，四条整齐有序的法桐树列进一步增强了主楼前的仪式感，同时为两侧步道带来了清凉。草地中种植了常绿树、彩叶树和开花树，包括白皮松、青杆、加拿大红枫、元宝枫、鸡爪槭、山碧桃、西府海棠和暴马丁香等，这些植物使得这片区域在秋冬季节也有绿可观。同时东西各个入口两侧不同品种的观赏草、乔灌草相结合，更是从竖向上丰富并延长了沙河校区各个季节的植物观赏期。

“天空之镜”景观项目的建成为沙河校区核心区域景观体系建设奠定了基础，显著提升了沙河校区景观绿化质量，这丰富了校园景观元素，也为广大师生提供了多样化的休闲游憩场所和活动空间。

主楼地库景观

沙河校区主楼地库景观项目是支撑学校两校区布局调整、实现两校区学科学院顺利搬迁的重要保障，是营造沙河校区美好校园环境的重要手段。

天空之镜 2

主楼三期绿化

主楼三期地下空间

该项目地块南侧紧临沙河校区主楼建筑，从主楼一期楼宇就能俯瞰场地全貌，建筑地上、地下出入口都和景观场地有着紧密的联系，场地西北侧为新建学生生活区，可谓是师生休闲、交流、通行的枢纽场所。

由于场地下方是实验室用房和人防地库，因此该项目在规划建设初期，即受诸多条件限制，如局部区域覆土较薄、场地西北侧与校园环路高差较大，场地西、北两侧较为开敞，导致场地内的活动空间和使用感受受西北风影响较大。南侧距主楼过近，致使冬季绿地采光不足，影响场地内的植物空间营造等。建设过程充分考虑场地现状条件、结合师生使用需求构建地库景观设计策略，对场地进行功能分区，由北至南划

沙河校区大爱广场

沙河校区大钟广场

学院路校区唯实园

沙河校区南湖

分为“绿色屏障区”“休闲漫步区”“疏朗草地区”和“林荫人行道”四部分。场地北侧实土区域有丰富的植被，建立绿色屏障区，在缓解西北风对场地影响的同时，利用植物根系减缓北侧高差较大区域水土流失的现象。建设团队采用自然简洁的设计语言、流畅的园路和地被种植设计，展现星空、星河等元素，使景观与主楼南侧“天空之镜”磅礴大气的水景相呼应；在景观节点中布置活动空间，为社团活动和户外课堂提供场地，意在鼓励师生走出教室、走进大自然，丰富的植物配置和科普标识亦在自然和师生之间搭建了桥梁，多样化的空间环境逐步形成具有北航特色的校园景观，同时也为沙河校区增加了一处交流互动的校园公共活动空间。

北航的人文自然景观远不止于此，除上述典型项目还有学院路校区唯实园、沙河校区世纪之声大钟广场、大爱广场、南湖……令人流连的景观构成一道道绚丽的风景线，彰显着这所一流大学的人文底蕴，正如马克思所说：“人创造环境之际，环境也创造了人。”校园景观与文化知识的多元交融，潜移默化地影响着北航人的心理情绪，塑造着北航人的精神内涵，在七十载的历史进程中发挥了环境育人的重要作用。

作者：李嘉琦　北京航空航天大学校园规划建设与资产管理处科长
程翔　北京航空航天大学校园规划建设与资产管理处科长

创新孵化的北航科技园

程翔

北航科技园创建于 2000 年，以北航科技园有限公司为运营实体，2003 年由科技部、教育部批准为“国家大学科技园”。北航科技园是以北京航空航天大学为依托，将北航科教智力资源与市场优势创新资源紧密结合，推动创新资源集成、科技成果转化、科技创业孵化、创新人才培养和开放协同发展，促进科技、教育、经济融通和军民融合的重要平台和科技服务机构。在硬件方面，北航科技园依托北航学院路校区周边的柏彦大厦、世宁大厦、唯实大厦、致真大厦 4 栋大楼约合 40 万平方米建筑面积的空间场所，为校内外科技成果转化、高新技术企业创立和发展打造坚实的设施基础保障。在软件方面，北航科技园通过健全制度体系、优化运营管理、改善设施环境完善自身建设，开展创业孵化、成果转化、双创人才培养，为园区企业提供优质的基础服务和增值服务。

柏彦大厦

党的二十大报告中多次强调“科技创新”，在国家实施创新驱动发展战略的背景下，大学科技园作为高校创新资源与社会资源结合的平台，无疑是国家创新体系的重要组成力量。北航科技

世宁大厦

园经过 20 多年的建设发展，成果显著，已成为科技成果转化和高科技企业孵化的重要基地，其充分有效地发挥北航的科技研究创新功能，加速科技成果转移转化，积极推动北京区域经济发展和创新体系建设，同时又反哺学校本身，促进学校资源集成与开放，提升学校学科建设能力，给北航的学术研究提供了重要的经济支撑和实践指南。

北航科技园自成立至今获批多项荣誉或资质。2003 年，由科技部、教育部批准为“国家大学科技园”。2004 年，由发展改革委批准为“北京国家软件出口基地”。2005 年，北京市教委和北京市工业促进局在北航科技园联合设立“电子信息北京市技术转移中心”。2006 年，北航科技园被科技部批准认定为“国家高新技术创业服务中心”，2007 年与北京市 14 家大学科技园共同发起成立“中关村大学科技园联盟”，并担任联盟秘书长。2008 年，北航科技园在纪念国家火炬计划实施 20 周年大会上荣获“火炬计划先进服务机构”称号。同年，经海淀区政府批准，北航科技园成为海淀区大学科技园中首批 A 级大学科技园、首批海淀区大学科技园产学研合作示范基地；2009 年，获得“中关村科技园区二十周年突出贡献奖”，被科技部、教育部授予全国首批“大学生科技创业实习基地”称号，被共青团中央授予“青年就业创业见习基地”称号；2010 年获得中国产学研合作促进会颁发的“中国产学研合作促进奖（单位）”；2011 年入选教育部“中国高校企业产学研结合典型案例”，并被北京市科委批准为首批“北京市战略性新兴产业孵育基地”。2013 年园区建设的中小企业公共服务平台被首批认定为国家级中小企业公共服务平台。2014 年，北航科技园被北京市人力资源和社会保障局认定为“首批北京市创业孵化示范基地”，在全国国家级孵化器绩效评价中被评为 A 类（优秀）；2015 年，被科技部认定为“国家级众创空间”，被北京市科委认定为北京市战略性新兴产业科技成果转化基地——北航国际航空航天创新园。2016 年，北航科技园被北京创业孵育协会和北京众创空间联盟授予众创空间品牌荣耀 top10 荣誉称号。全国 736 家国家级科技孵化器中共 100 家被评为 A 类，其中北京地区仅 6 家，北航科技园天汇孵化器综合排名位于榜首；被科技部认定为首批国家级专业化众创空间——虚拟现实与智能硬件国家专业化众创空间。

致真大厦

2013 年 7 月 26 日，时任北航党委书记胡凌云、校长怀进鹏、副校长张军一行出席致真大厦主体结构封顶仪式

2017 年，北航科技园被共青团中央授予“全国大学生创业示范园”，是北京市唯一一家获批国家大学科技园的园区。2018 年，北航科技园被北京市经信委授予第一批“北京市小型微型企业创业创新示范基地”称号；2021 年，其在国家大学科技园绩效评估中考评结果为优秀。

唯实大厦

北航科技园充分发挥北航“空天信”融合的学科特色，重点打造“空天信”战略性新兴产业聚集区，带动周边楼宇形成“环北航知识创新圈”；培育的大学生创业团队参加“创青春”全国大学生创业大赛、中国“互联网 +”大学生创新创业大赛、“首届中国航空航天创新创业大赛”等大赛，多次获得一等奖。同时，北航科技园培育了千方科技、中科金财、东方网力、中星微电子等 17 家上市公司，并聚集了紫光集团、北京歌尔等多家行业领军企业。园区企业中星微电子有限公司和北京民航天宇科技发展有限公司分别荣获国家科学技术进步一等奖。北航科技园以“提高自主创新能力，建设创新型国家”为指引，按照科技部、教育部关于国家大学科技园发展规划要求，紧紧围绕学校长远发展规划，在科技成果转化、高新技术企业孵化、创新创业人才培养、产学研结合推进等方面工作取得了诸多发展成果，是北京航空航天大学高等教育体系的重要有机组成部分和校园建设标志工程之一。

作者：北京航空航天大学校园规划建设与资产管理处科长

科技园之“柏彦”与“世宁”大厦

北京市建筑设计研究院有限公司
北京五合国际工程设计顾问有限公司

北航科技园除唯实大厦、致真大厦外，在北四环一侧还有柏彦大厦与世宁大厦。

北航柏彦大厦是包括写字楼、银行、餐厅、地下车库及附属用房的综合性建筑，由北京航空航天大学投资建设。项目原设计用途为恒基伟业总部办公楼，它的主打产品是“商务通”掌上电脑，具有掌上电脑般的形体比例和流畅线条的建筑形象立意、具有现代工业产品特色外观的金属与幕墙、精致美观的建筑构造细节，都赋予这座总部办公建筑以产品特色。外观最具个性的设计是北侧临街外墙的设计，幕墙整体向内

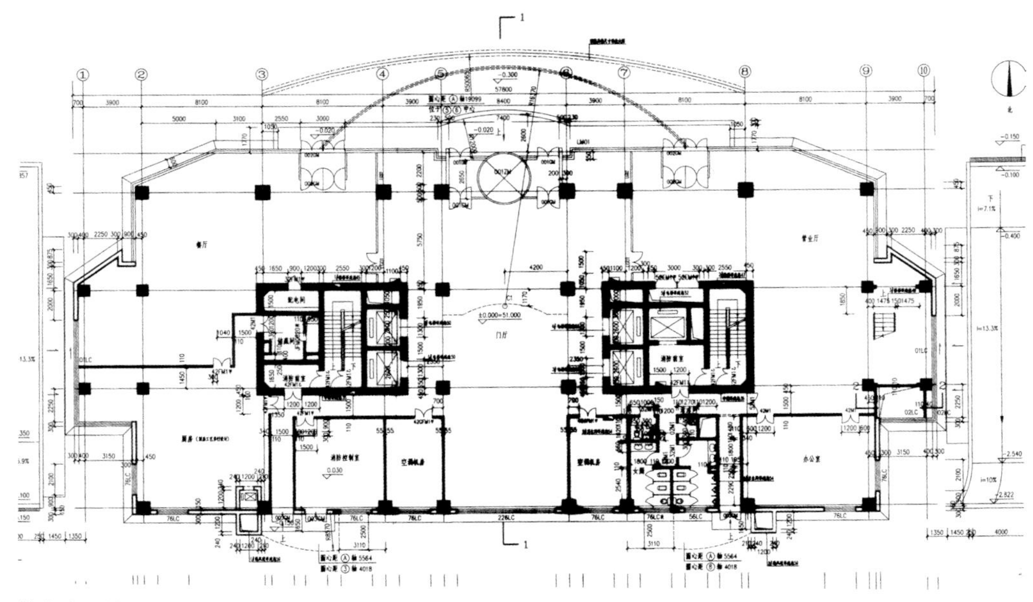

柏彦大厦首层平面图

柏彦大厦

柏彦大厦入口处

逐步收分，至顶部以弧面结束，幕墙凸凹又分 3 个层次，几条转折线条逐层向两侧扩展，形成流畅、灵动、一飞冲天的气势。

大厦主入口的雨篷设计独具匠心，正面的幕墙曲面与横梁的曲线创造出独特的入口空间，与建筑整体造型呼应。入口大堂为 3 层通高的共享空间。1 至 3 层为公共空间，银行与餐厅各居一侧，分别有独立的交通系统。4 至 16 层为标准办公层，大跨度空间可自由分割。17 至 21 层为高级行政办公区，办公室均

柏彦大厦大堂

在南侧，朝向好，北侧形成贯通 4 层的室内四季花园，为用户提供良好的工作环境和休憩空间。该项目方案设计单位为五合国际，扩初及施工图设计单位为北京市建筑设计研究院有限公司。项目建筑面积为 35 000 平方米，设计日期为 2000 年 6 月。

北航世宁大厦为北京航空航天大学在校园内建设的写字楼，主要功能为科研办公用房及航空航天科技展厅。大厦位于学院路与北四环路交会处，总层数 24 层，建筑高 90 米，成为中关村东入口的地标建筑。世宁大厦的设计着重展现科技特色和航天形象，所以建筑形体以简洁的弧面来呼应城市道路十字路口的空间环境，优雅的曲面造型具有极强的可识别性。

世宁大厦 1

世宁大厦 2

在建筑立面设计方面，贯通的横向带形窗简单大气。中央竖向的凹槽上下贯通，强化挺拔感与力量感。两侧阳台内凹设计形成的阴影效果是主立面边缘精巧设计的结果。办公楼主入口呈放射状排列的拉杆支撑起通长的玻璃雨罩，构成建筑主体的基础支撑，水平延伸的雨罩形成开放的入口形象，也把建筑界面处理成精致典雅且怡人的空间。该项目方案设计为五合国际，扩初及施工图设计单位为北京市建筑设计研究院有限公司，项目建筑面积为 62 000 平方米，设计日期为 2001 年 8 月。

难忘的记忆
——北航校园规划建设历程座谈会纪事

2021 年 12 月 1 日，为编辑出版《空天报国忆家园 北航校园规划建设纪事（1952—2022 年）》）一书，《中国建筑文化遗产》《建筑评论》编辑部与北航校园规划建设与资产管理处共同举办了“北航校园规划建设历程座谈会”。北航历任主管基建的校、处两级领导 20 多人参会，往事历历在目，大家从不同侧面回望了北航校园建设 70 年来走过的不平凡之路，还总结了对北航校园建设有启发的一系列思考。座谈会由北航校园规划与资产管理处处长邹煜良主持。

邹煜良（北航校园规划与资产管理处处长）

今天非常荣幸能邀请到各位领导，以北航校园建设史为主题进行一个座谈交流。明年是北航建校 70 周年，我们希望通过对北航校园规划建设历程的梳理，以建筑维度、建设要素为切入点，进一步完善北航的历史与文化脉络，也为学校 70 岁生日献上一份属于我们基本建设工作者的贺礼。

校园建筑作为北航近 70 年发展的亲历者与见证者，是校园记忆的重载与延续，是 70 年来北航师生学习生活不可分割的一部分，可以说校园建筑不仅具备服务北航师生教育、科研、生活等方面的空间功能，还构建起北航师生的思想信念与人生回忆，一栋楼、一间屋、一个场景就可能会打破时间界限，唤醒大家封存已久的一段记忆。所以，通过回顾北航近 70 年的基本建设历程，聆听时代变迁中北航建设者奋斗进取的故事，来感受和记录北航为国而生、与国同行、矢志空天的使命与责任，这是十分必要的。

座谈会 1

在座各位领导都先后完成了几十万平方米的建设面积，为学校规划建设工作做出了非常大的贡献，有着丰富的管理方法与经验，也有许多珍贵的故事与回忆，那么下面有请大家畅谈建设管理体会。首先由刘伟副处长总体介绍北航校园建设发展情况。

刘伟（北航校园规划与资产管理处副处长）

北航在 1953 年 5 月正式确定了选址在海淀区柏彦庄，在第一版的校园建设规划的指导下开始建设。一号楼 1953 年动工，在半年内盖好。1956 年 8 月，整个教育区的核心建筑基本建成。当时建造的宿舍目前留下来的是学生 4 公寓和 8 公寓。北航在建设初期，基础建设为保障学校人才培养提供了最基础的条件。到了 20 世纪六七十年代，校园建筑规划稍显凌乱，建筑品质一言难尽，但是学校利用仅有的条件保障了教学科研的正常开展，恢复了我们人才培养的健康路线，同时开始一系列办学资源的建设：首先建成图书馆，然后 1988 年邵逸夫捐建逸夫楼，1990 年竣工。进入新千年之后，我们主要以改造和区域的整体规划为主，并且借助大运会把大运村校区收了回来。2006 年新主楼基本完工，校门改成现在的样式，主楼加了一个主 M, 绿园也重新改造规划，操场、草地还有塑胶跑道都被建设得非常好。后来，北航又形成了设置完善的大学科技园。

从 50 周年校庆开始，北航的校园建筑品质实现大跨步提升，环境育人理念逐渐深入人心。2006 年新主楼建筑开始使用，到现在仍很适用；2001 年体育馆盖起，后因 2008 年北京奥运会又进行了整体改造；音乐厅、航空馆都是校庆 60 周年的产物，当时学校还将操场从红色跑道改成了中国田径史上第一个蓝色跑道，这些努力实现了良好的校园建设文化传播效应。

2016 年，北航进入整治危楼的关键时期，比如对学五食堂等危房区域进行改造，使其变成新北社区学生宿舍食堂项目，中间区域新建了五号楼和第一馆。“十三五”期间，我们越来越关注建筑的文化和内涵，以彰显北航的文化和技术。“十四五”期间，北航主要进行了三方面的工作，一是“留白增绿”；二是完善校史馆、航天文化传承中心等具有教育意义的功能性场所；三是以基础建设进一步支撑学校发展。目前三号楼已经改造完成，现在正在改造主南、主北两座教学楼。未来主楼改造会将主楼前广场进行翻新，打造一条“星空之路”。

沙河校区是在学院路基础上建设的，必将提供更完善的、更优越的育人环境，给学生一个更值得期待的未来。从整体规划中不难看出，沙河校区绿地较多，景观怡人。校园中间天空之镜广场、世纪之声雕塑等景观效果都很好。

沙河校区的工程中心、在建的风洞实验室、规划建设的图书馆，未来材料学院、航空学院、机械学院都会分别再建设。沙河校区的宿舍食堂一体化社区在地下一层提供了多功能空间，囊括艺术文化、健身房、教室、党团活动中心、图书馆、研讨室、多功能办事大厅等多种业态，学生除了上课都不愿离开这个区域，即使下雨刮风，他们也能从地下连廊直接走向教学楼。

蒋新宁（北航前总务长）

我算是北航校园建设历史长河里一个承上启下的人。北航这 70 年，在学院路“八大学院”当中是发展最快的。现在两校区加在一起共有约 240 万平方米的建筑。北航两校区的发展离不开几代建设者的努力，也离不开各位老院长的高瞻远瞩，老院长

座谈会 2

座谈会 3

“跑马占地”，把北航校园的基址占下来了。以前北航的用地只有操场北边一小块，后来武光院长又把南边的地占下来了，这样北航的占地面积就从原来的七八百亩（1 亩≈667 平方米）达到了 1 500 多亩，后来又从四个角开始分批买进地块，扎了几个“钉子”之后进行内外扩张，才有了我们今天发展的根基，所以北航的发展跟武院长的思路很有关系，这是北航发展可贵的能力建设。我经历的就有三次“扩张”与变化。1997 年北航又拓展了沙河校区，学校领导是非常明智的。

其次，11 万千伏安配电站的建设对北航的发展也是很有利的。北京市只有三个大学有自己的配电站，即清华、北大、北航。北京市只有两条 11 万伏的接口，被我们占了。我们 2001 年还建成 2 台 5 万千伏安的变压器，满足学校的用电需求，迄今只用到五成。从那以后，北航的供电线路就都从地上改为地下了，电缆沟都是那时候做的，现在所有的建筑都在靠规格为 1 千伏的地下电缆沟来供电，实属难得。此外，坚持北航的绿化与景观建设，是如今绿园得以保护并成为北航耀眼景观的前提。

王志敏（北航前基建处处长）

我们的基础设施还有两项是比较重要的，一个是锅炉房，供暖原来用煤，后来改用天然气。学校响应“天然气进学校”的号召，把天然气引进来，建了调压站并且输送到每一户，有效解决了住宅和学生食堂用气的问题。

与北京建院的合作还有一个重点是住宅项目，107 号住宅当时是一位女建筑师设计的，盖在西北角。这个楼是 1998 年竣工的，原来我们的住宅基本上都是多层楼，砖混结构，这座楼是我们学校第一栋高层。以前楼的外墙是清水墙，这栋贴了马赛克砖，设计效果和质量都比较好。因为经费问题，只有 6 层以上的住宅安了电梯。

刘刚（北航前副校长）

要想搞基本建设，前提是有基础条件。基建是保障，更是学校发展的条件，北航人在各时期的贡献一脉相承。从 1952 年抗美援朝、院系调整这两大主线，向建设转变，北航肩负起历史的使命，跟上了国家的步伐。从建校初期白手起家，一直到“文革”之前，应该说北航打了一个很好的基础；“文革”期间由于各种条件的限制，是小规模建设时期，虽然留下的资料比较少，但也应对其客观评述，南区、西南区住宅基本都是 20 世纪六七十年代建的。改革开放后，学校上了一个大台阶，虽然条件困难，但学校想方设法进行建设，比如教师公寓的建设。住宅商品化之后，学校在教师宿舍上的建设基本停了，但这段建设对于稳定教师队伍做出了很大的贡献；再后随着教育的扩容，教育发展的增速，学校跟上国家发展的步伐，基本建设也满足了当时学校发展的需要。除了基础设施的保障以外，规划对学校发展也是非常重要的，没有这版版规划，也就

校园景观（组图）

没有现在的基本建设的实现。

马大成（北航前基建处副处长）

我 1996 年到学院总务长办公室，当时成立了“征地领导小组”，121 亩（约 8 万平方米）地是北京市预留的，当时这块地属于“蓟门农工商”，有许多拆迁补偿安置的事情，所以我们签了一揽子协议，规避了后续的诸多风险。当时的规划面积应该是 7 万平方米，是以研究生院立项的，但是这块地太重要了，学校经过多方努力，最后争取到 30 多万平方米，规划了教学楼、住宅、写字楼等。

1999 年国家召开教育改革会，大力发展高等教育，全国高校兴建新校区已经成了一个趋势，我们当时也抓住了这个机遇，把沙河校区的地签了下来。所有的建筑设计都采取国际招标制，总体规划的报批也都很有序，北航校园建设讲科学。

徐志祥（北航前建设项目部经理）

北航的建设实际上可以说是新中国高校建设史的一个缩影。这体现在两方面。一是在建筑政策法规方面，原来征地，国家要求不是很多；但后来随着法规越来越健全，有的用地虽然也叫“国家划拨”，但这种划拨完全是按制度办的，有相关政策约束，要求更规范了。以前老单位大院里什么都有，有一块地、有点钱就要见缝插针地盖房子，学校里厂办企业随处可见。后来，学校建设完全要遵循安全规划，所有建筑应符合用地的性质属性，不能乱盖。法规要求是非常严格的，超出范围必须层层上报审批。校园会随着需求不断变化，但这种调整不能改变用地属性，要完全符合规划的严肃性，这同样体现了政策、法律、法规的进步。

说到基础设施，我们总感觉北航各种地方都在修修补补，同一个地方挖了填好，过几天又挖开重来一遍，其实这都是受历史条件所限，无法充分预留出适合未来发展的空间造成的。这是时代背景决定的，当初的建设也是符合政策法规和技术规范的操作，所以很多事情不能拿今天的眼光去看过去。好在新建的沙河校区吸取经验，一步到位，预留充足，后期再有调整也不会产生很大的工程。

王旭明（北航前基建处副处长）

开始建校的时候，校长亲自抓基本建设这一重要工作，到 20 世纪六七十年代的时候，学校的基建工作压缩了，基建投资很少，修缮的任务比较重。我进基建处的时候，基建处叫“基建修缮处”，和修缮部门合并在一起。后来随着投资的增加，两个部门才又分开，原来基建处抓修缮、供暖、维修，后来重点抓基本建设。我们的职责和任务随着时代发生着变化。老的基建处主帅都是资格比较老的领导，在计划经济年代，学校的政策是“谁拿到钢筋水泥的材料指标，就奖励积分，能够提前分房”。

北航历届老校友回来以后，既要看老建筑，也看新发展。学校保留至今的最老建筑是办公楼南边的两个小别墅。学校曾经一度想拆掉它们，但老校长们不同意，所以对其进行了修缮。小别墅别名专家楼，是为苏联专家盖的，1960 年专家还没住上楼就撤走了，后来中国专家就在这住。

邵逸夫先生当时给北航捐资建设了一栋楼，设计的时候学校领导非常重视，我们也是从逸夫楼开始进行竞标的。1986 年，在国家教委组织下，我们严格按照招标投标设计方案评审。当时因为北航的建筑都是灰白色调的，经过专家组讨论，逸夫楼最终被定为比较特殊的红楼。现在逸夫楼整修，用新材料铝板模仿以前的红砖重饰外立面，其效果和原来一模一样，并注入了新的活力。

项小兵（北航前基建处副处长，现为北航青岛国际科教中心常务副主任）

我刚毕业就去了基建处，算是在座各位中在基建处干的时间最长的人。能够把一个学校 70 年的基本建设的发展史整理出来，不仅仅是对学校的交代，也是对所有参与基本建设过程的贡献者的交代。从历史素材的角度出发，资料整理力求客观、真实、准确，尤其是一些重要的项目、事件、时间节点和人物，这些材料光靠专家去翻档案也不现实，我们可以再请几位搞基建的老同志，承担起查档案的任务，尽量把这个事情做得完善准确。

对于规划，我认为需要找具有代表性的、阶段性的规划方案，我们能找到 1980 年版的北航俯瞰图，以及 2002 年北航 50 年校庆时拍的一段视频，当时新主楼还在建设过程中。我建议把工程比较大的改造推荐出来，比如将加装电梯、住宅贴建、改扩建等项目也归到基本建设的范畴里面。因为这些都是民生工程。到今年，电梯能装的都装了，普及率达到了 90%，我们最近去调研，发现这项工作北航在高校中完成率最高。

座谈会 4

第三篇　北航人忆家园往事

岁月悠悠，往事历历。无论时代怎样发展，校园建设及其价值在历史的洪流中都将永不褪色。校园建设不仅要遵从国家与城市的使命，更要融合地缘且贡献城市文化，以塑造人类的知识宝库与精神圣地。在本篇中，读者可发现，北航校园在为一代代学者提供不竭的灵感与智慧时，历史脉络的人文气质也是尤其珍贵的。好的建筑（无论多么朴实无华）是校园的物质环境，人的大气才是校园建设乃至历史所凝练成的最难得的气度，它需要时间的打磨与印迹，是成功育人的宝贵财富。70 载北航校园建设有太多的科学文化观，更不乏精妙的建设创造，在本书中，不同的北航人激情澎湃地诉春秋，也许大家可以从中悟到，每个人的回望是个人史，也是集体史，更是一份“北航”叙事史，它是献给北航 70 载的一份挚爱，是可撑起北航校园建设的人文遗产。

我印象中的北航校园建设 70 年

钟群鹏

2022 年北京航空航天大学迎来 70 载华诞，我作为 1952 年北航建校时的首届大学生，此后又在北航学习、工作、生活了 70 余载的“老北航人”，一辈子都与北航连接在一起，我热爱这座校园，爱这里的一草一木、一砖一瓦、一人一事。在这个特殊的历史时刻，我的心情自然是格外激动和自豪的。校园规划建设与资产管理处的同志们邀我写一篇关于对北航 70 年校园建设发展的回忆文章，收录在即将出版的校园建设历程图书中，这对我而言确实是个“新话题”。一直以来，我们在享受着北航校园建设成就的同时，却很少系统地思考校园建筑和规划的理念对教学、科研甚至居住、生活产生的深远影响。虽然我多年来一直投身科研领域，并未直接参与校园建设的工作，但作为北航 70 年校园发展变迁的见证者与亲历者，我的确有一些发自肺腑的感言希望表达，权作为一名北航老学子向母校 70 岁生日献上的祝福礼物。

一、回首建校初期的艰难岁月

我生于 1934 年，是浙江上虞人。自孩童时，我的父亲便给我们立下了“不得从政，技术救国”的家训。从小我就对新鲜事物充满好奇，虽然老家乐清县地处偏远，但县城中有一辆汽车，我就在想汽车是如何开动的。后来我随父亲到了金华，又见到了火车，见到轰隆隆的一大长列开动的火车，就想研究火车的运行道理。长大后，来到北京，看到飞机翱翔天空尽显神气，于是我对航空学又产生了浓厚的兴趣，这也成为我选择求学北航的初步原因。

1957 级本科班（获得优秀团支部称号）合影（一排左一为作者）

1951 年，作为浙江省优秀团干部之一，我受浙江团省委的指派，被保送到中央团校第四期短训班学习，毕业后到江苏参加土改工作队，因为表现突出，还被评为了土改工作模范。1952 年，在土改工作队的 150 多个人中，包括我在内的 4 位同志被分配到了团中央办公厅，这是组织对我的信任和关怀，但是那时我想国家百废待兴，励志学习科学，尽自己的力量支援国家建设，于是向当时的办公厅主任孟亚洲表达了自己的意愿。孟主任很支持我的想法，并对我讲："你选择了一条非常艰苦的道路。"在孟主任的帮助下，我成为国家最早的一拨调干生，进入干部补习班学习知识，在北京工业学院（现北京理工大学）补习了 3 个月，期间还被推选为班长。此后，我报考了清华大学，被北京航空学院录取，专业是飞机专业。

同学们以欢欣鼓舞的心情参加奠基大会

职工宿舍一角

我是 1952 年 9 月来到清华大学报到的。在全国高校院系调整后，清华大学的航空学院从清华大学调出，与其他几家院校一起成立了北京航空学院，成立时间是 1952 年 10 月 25 日。所以，北航的招生先于成立，而成立先于建校。开始时北航校园建设基本是空白的，可以说是“地无一垅，房无一间”，后来北航的校园建设才逐渐开展起来，1953 年 6 月 1 日北航的“一号楼”奠基，我作为当时的团支部书记还参加了奠基仪式，现在想来这也是我和北航校园建设的“缘分”，那时工程建设挂帅的青年突击队队长是张百发同志。到 1953 年年底，北航就建成了超过 6 万平方米的建筑与道路，在当时的条件下速度是非常之快。我们在 1953 年年底搬进了航空学院，那时一号楼是教学楼，三号楼还没盖，主楼也还没建好；两个宿舍楼，1 号楼和 2 号楼，1 号楼也就是现在的留学生楼，它的对面就是 2 号楼，再加一个饭厅。那时学生们的住宿条件还是很简陋的，学习生活的条件也很艰苦。比如开会没有场地，就在宿舍里开，在 1 号楼边上有个大房间，大房间有 12 个铺，上下都坐满了人一起开会。跳舞等文娱活动基本在走廊进行，露天吃饭，很多人就在外面墙根坐着伴随着风沙吃饭。上课就在工棚里，工棚是很冷的，那时我们年底搬进来，在工棚内就生一个煤气炉，旁边是授课的老先生，学生们离炉子很远，冬天手都冻僵了，还要做习题，看书复习则在路灯下完成。

生活虽然艰苦，但同学们对学业的要求从未放松。大家要学习 40 多门课，即便那时按规定七天休息一天，我们也是不休息的。大家的精神生活是非常丰富饱满的，学校也组织了丰富的业余活动，有摩托车班、田径班、跳舞班等，同学们的情绪是乐观的。在这样的学习氛围下，北航首批毕业生居然走出了 6 位院士，光我们的小班就有两位院士，除我之外还有中国科学院的陶宝祺院士。其他同学也基本成了教授、副教授，都在各自的工作岗位上做出了很大的贡献。记得校庆 60 周年时，我们那一代同学有 137 个人返回校园，可惜如今大家都年事已高，很多同学都已不在，我属于中等年龄段，也已步入 88 岁了。

由此可见，建筑是粮草，是安居乐业的场所，北航先招生、后成立，再盖房。而此前学生们都借住在清华大学和北京理工大学（原北京工业学院）。在建校初期的艰苦岁月中，我深感校园建设的重要性，但也理解物质保障和精神的境界要相互融合，人不能完全在一个舒适环境中成长，艰苦的环境恰能锻炼人，我们这拨人个个都是有专业的能工巧匠，感谢曾经的校园经历。

老体育馆

二、我看北航校园建筑

经历了北航建校初期的艰难岁月，亲历了北航建设的蓬勃发展，结合个人感受，我尝试总结北航校园建筑的重要性与特点。

北航校园建筑在学校发展中扮演了极其重要的角色。第一，它们为师生们的生活提供了基本保障，学校涉及教学、科研、住宿，没有相应的场所怎么行；第二，它们是北航全面发展的重要基础，在学校的各项关键节点的发展进程中，校园基建一直起着带动作用，发挥着重要的基础功能；第三，它们是北航重要的硬实力，是硬竞争的重要表现，我认为软实力有时还是可以学习的，但一栋栋优质的建筑是硬实力的体现；第四，它们是北航优化、强化办校能力极为重要、不可或缺的物质基础，一座名校，没有标志性的建筑、没有足够大的校园规划版图是绝对不行的。回想这 70 年一路走来，北航几代人的努力为后人创造了如此有竞争力的北航校园图景，这是何等利在千秋的功绩。

北航建筑的特点我总结了四个“关键词”。第一，优质。据我所知，北航建筑多次获得中国建设工程质量的最高奖——鲁班奖，这在校园建筑中是十分难得的，鲁班奖是一个项目从建筑设计开始到施工、安全、布局、使用、运行各个环节层层把关才能达到的高标准。第二，高大。北航内高楼林立，从新主楼再到周边办公楼，彰显着一流校园该有的气质和实力，北航两校区总建筑面积 230 多万平方米，在北京的高校中首屈一指。第三，融合。北航各个时期的老建筑与新建筑融合呼应，既有 20 世纪 50 年代留下的老楼，像一号楼、二号楼、三号楼、四号楼、老主楼等，也有新主楼、新学生社区等，而且规划合理，毫不违和。第四，集群。北航校园内，建筑群与道路群并举，校园的楼是成群的，有教学楼群、北区学生社区群、教师居住社区群等。道路也是成群的，南边这一条路景观优美，从新主楼门前道路开始，一直到体育馆、游泳馆、操场，操场规划得相当好。除此之外，北航校园建设还有一个特点，就是按学科分布科学规划，学院路校区和沙河校区两校办学，学科合理布局，沙河校区的建设成果在北京各高校中应是名列前茅的。

除此之外，我认为北航校园建设还有两个“第一”。其一，北航作为一个工程技术学院起步，整个校园从无到有，建设速度之快、效率之高、质量之好堪称第一。北航一直以来都很重视校园建设，教学、科研、住宿各类建筑保持着很高的保有率，尤其还深挖地下空间，最大限度地扩大了校园的有效使用面积，新建的新北学生社区非常适合学生独立自主地发展。其二，与时俱进的校园建设理念堪称第一。如我们所有家属楼在建成初期都是平屋顶，难免存在漏雨和隔热不畅的问题，现在所有家属楼都加装了尖屋顶，解决了上述问题。此外，家属楼基本加装了外挂电梯。5、6 层家属楼要加装电梯，虽然难度很大，但学校克服了重重困难进行装配。正是与时俱进的改造建设，使我们的社区成为现代化的、充满活力的宜居社区。

北航校园建设成绩的取得自然少不了历任主管校领导的关怀和基建相关部门同志们的辛勤劳动。现在主抓校园建设的刘树春副校长曾与我交流过相关话题，他说“在校园建设中，我们一直精打细算，如期、如计、高质量完成”。由此我想，建设一栋楼需要数年的时间，而最后能如期按计划圆满完成，实在不是一件容易的事情。此外，我深感北航的校园建设都是规划在前，广泛地征求意见。记得一次校园规划在院士咨询会上征求意见，又在全校工作会议上征求意见，虽然校领导面临各种困难，但往往

从致真大厦俯瞰学院路校区

北航家属区

都能通过严格招标、严格控制的创新科学管理方法予以顺利解决。

三、六次搬家感受校园发展

我在北航学习、工作、生活了一辈子，从学生时代入住宿舍，到毕业工作后搬入家属楼，每一次的搬迁都见证着北航校园居住条件的变迁与改善，其中更饱含着校领导对师生们生活的关怀与帮助。

我 1952 年入学清华，1953 年年底正式进入北航学习，共住过 5 个学生楼，包括 1 号楼、2 号楼、9 号楼、7 号楼和 12 号楼。从 8 人间一直到现在年轻学子读研时的两人间，我深刻体验到北航学生宿舍楼的发展过程，也是北航学生宿舍条件改善的受益者。当初 8 个人、12 个人一间宿舍的时候，屋子里只有床铺，什么也摆不下，行李就在床下面，现在的学生宿舍有书桌、书架、行李间，楼里还有阅览室、学习区，居住环境的改善为学生们解决了居住的后顾之忧，使学生们更好地投入学习之中。

我和老伴在 1965 年结婚，那时学校的教师宿舍楼非常紧张，实在没有多余的房子，学校便安排我们住在招待所的一个房间，先住了半个月，也就算正式结婚了。记得招待所在 11 楼（现培训中心），是筒子楼，房间就在一上楼梯 2 层对着的房间。半个月后，我们便各自回到集体宿舍。到了 1965 年年底、1966 年年初，我们便分到了一间房子。自此至今，我们一共经历了 6 次搬迁，居住过 6 个房子。

第一处住房是 7 号住宅的 301 房间。这是一个小三居室，由三家居住，房间面积分为 16 平方米、12 平方米和 8.5 平方米，我们因为只有两口人，所以被分到了最小的 8.5 平方米房间，住了 8 年，我的儿子就是在那里出生的。回想起来，那时感觉很温暖，因为毕竟有了自己的家，虽然这个家是那么局促，除了一张床和两张桌子以外就摆不下其他物件了。即便如此，这也是北航校领导对我的关怀，让我在结婚后那么短的时间内就有了自己的房子。在这里还发生了小插曲，因为屋里西向的窗户漏风，尤其秋冬季节寒风尤甚，因此我的儿子从 1 岁开始到 3 岁几乎年年得肺炎，后来实在没办法了，就用钉子把棉被钉在窗户上防寒，就这样熬过了那段艰难的日子。

20 世纪 70 年代，我们一家搬到了那时的 10 号住宅，虽然仍是三家合住，但房子升级到 14 平方米，居住条件得到很大改善。但不巧的是，那时我因为全身心投入修理南京光学仪器厂的 2 万倍透视电子显微镜的工作中，日日夜夜地工作，对电子系统、成像系统、真空系统、操作系统到整个照相系统的修复一直持续了两个月才终于成功，但因为长期劳累，我的身体出现了问题，得了急性肝炎和青光眼。直至今日，我的眼睛仍未完全恢复。因为急性肝炎，所以我要在家休息，其中还有个小故事，当时学校分配了房子，但是家具是要自己购置的，因为长期卧床实在不方便，我想有把椅子可以坐着，家里却没有。于是，便不得已向学校申请一把椅子，过了一段时间后申请被批准了，我拿着这把椅子，确实感到了党的关怀和组织的照顾。

第三处房子在 6 号楼，是向西的一间屋子，当时有拐弯，一层楼住了六户，共用一个厨房、一个厕所、一个洗脸间。在这个筒子楼里，我们和左邻右舍相处很愉快，也有很多难忘的故事，使我们交到了很多朋友，大家彼此关怀，气氛十分温馨。我和爱人都是南方人，不太会做面食，更不会包饺子，邻居中有一户是北京人，饺子、馅饼做得都很拿手，经常换着花样做。还有一户是上海人，经常在屋外窗户上挂一条干鳗鱼，有时割一段蒸着吃。我们家也不太会弄吃食，看到这些感觉很有意思。我儿子那时上小学三年级，给他 1 毛、2 毛的零用钱，他经常攒起来，有一天他拿 1 毛钱买了一堆蒿子菜，让妈妈给他包饺子吃，这可难住我们了，我们也不会包饺子呀，险些闹出笑话，好在邻居帮助，我们才做好。此后，我们自己也就学会了包饺子。还有一件趣事，当时房间面积是 12 平方米，放了两张床之后，再放一个方桌就基本占满了。我已是教研室主任，工作确实繁多，要用方桌工作，我的儿子要写作业，也占了一个位子，这样一来我爱人就没位子了，可她的工作也很多，于是她把一个图板放床上，拿一个小凳子，坐小凳子上趴在图板上做设计。记得那时她设计的是航天器舱门。在这么局促的房间里，我还要放很多参考书，屋子里实在没地方，就只能放在屋外门口一米见方的地方，将书高高地摞起来。有一天，三机部领导来学校考察，其中一位司长说，听说北航教师们的住房困难，筒子楼走廊摆的都是东西，影响交通，而且影响生活。当时不知道谁提议到我们家来考察，这一考察我们家就成了典型了，他们见到我们的书都堆在门口，确实住宿面积太小了。不久，三机部就批准给北航盖房子，据说盖了 33 万平方米，大多数都是教师家属宿舍。

我是十分幸运的。1980 年学校开始第一次大规模分房，按 1951 年开始的工龄计算，我是有分房资格的，顺利进入排队的名单。不久，我们一家便从筒子楼搬出来，住进了位于 17 号楼的 305 新房。那是一个近 50 平方米的两居室，我们家的居住条件有了质的飞跃。因为我的爱人喜欢音乐、跳舞，所以其中一个房间曾经做了舞厅，朋友聚会就在那里跳舞交流。我们深刻感受到生活的丰富多彩和组织的关怀。

一晃 10 年过去了，1990 年左右，我又搬入了新房，就在北航附中旁边。在那里我们又住了 10 年，也是在这里，儿子考上了研究生，我 1999 年被评为院士，这也是我的学术生涯中最难忘的时期。长期以来，我自认为工作是十分努力的，为了党的事业尽心尽力，没有辜负党对我的嘱托。如在 1999 年，我又一次提出申请中国工程院院士，虽然那时我已 65 岁，但因是国务院学位委员会批准的博士生导师，因此按规定可以再延长到 70 岁退休，这样我有了再次申请院士的机会，终于在那一年 11 月 19 日我被正式评为工程院院士。

现在的居家房子在 2001 年落成，2001 年 4 月 30 日分给了我们，这一栋楼也称“院士楼”，基本都是校领导、院士等居住。现在北航有近 30 位院士，近几年更是每届都有新增院士，这都是北航重视人才的结果。搬进这个楼之后，我们的生活就更加安定了，工作虽然仍很

206 住宅

右三为钟群鹏院士

繁重，但我充满干劲，全身心投入学术委员会工作中。我充分体会到，居所对人的成长、对家庭的幸福、对精神的丰富都会产生极其重要的作用。

北航 70 年校园建设取得今天的成就十分不易，作为校园建设的见证者和受益者，我深感参与北航建设的校领导及管理工作人员的功绩，由衷祝愿校园规划建设与资产管理部门能够继续从硬实力上增强北航的竞争力，为北航双一流卓越发展再立新功。

作者：中国工程院院士

以特色文化景观塑造和滋养大学艺境

蔡劲松

大学文化是一种具有校园特色的精神氛围和发展环境的综合体现，一所大学的传统和精神构成了学校文化最核心的内容，是大学的文化精髓、价值追求、发展根基与灵魂。而大学校园中固有的特殊审美韵味，那种融合大学文化演进过程中审美变迁与时代美感的综合氛围，即校园中公共的、文化的、纯粹的、艺术的境界——“大学艺境”，常常以大学文化景观等重要形态反映大学文化的审美趣味与精神气息。这是大学发展氛围的内核之一，是一种新的理念和文化取向，是大学人的审美价值观、超越大学历史传统和自然传承的文化发展观。

长期以来，北京航空航天大学将推进校园文化景观建设作为培育和弘扬大学精神文化的重要载体，用公共艺术的手段将“大学艺境”构建放在大学文化大系统中统筹考虑，以科学精神、人文精神和大学精神的融合及弘扬为主线，对学校精神文化进行艺术抽象与凝练，注重两校区办学模式下文化景观建设的协调同步、继承创新，注重北航人的精神需求和建设预期成果的艺术审美价值、科学人文价值、校园生态价值和历史文化价值，取得了良好成效。

1960 届校友所立石碑

一、聚焦精神文化传统，凝练景观建设思路

《求是》雕塑

21 世纪以来，学校从大学文化建设和发展的视阈出发，凝练、梳理了师生员工高度认同的北航精神、办学理念、校训校风等治学文化和教育理念，形成统一认识和明确表述“敢为人先、爱国荣校的北航精神”，它成为全体北航人的精神支柱和学校的文化内核。“尚德务实、求真拓新”反映了北航的办学传统和办学特色，是学校办学和发展的基本理念，也是全校师生员工建设北航的共同思想基础。“德才兼备、知行合一”是北航的校训，是师生广泛认同的做人做事的行为和准则。“艰苦朴素、勤奋好学、全面发展、勇于创新”是北航的校风，是几代北航人努力培育的结果,是学校精神面貌的具体体现，也是学校综合实力和学校凝聚力的重要组成部分。北航的治学文化和教育理念等精神传统，为促进学校远景战略目标的实现营造了坚实的精神文化基石。

在此基础上，北航将深入推进大学文化建设当作一项基础性、战略性、前瞻性的工作，不断创新文化建设和文化育人机制，2005 年起率先在全国高校制定了《北京航空航天大学文化建设规划》，明确了学校文化建设的指导思想和建设目标，提出文化建设系统规划、整体推进、分步实施的原则，注重继承与创新相结合、科学精神与人文精神相结合、发展共性与突出个性相结合，以期在办学理念认同、管理制度建设、学术环境营造、文化品牌形成、校园环境优化、文化教育和科研基地建设等方面形成标志性成果。

具有较高的文化、审美和艺术修养，是一个人形成创新思维、具有创新精神、产生创新成果的基础，科学与艺术如同车之两轮、鸟之双翼，二者对于高素质创新型人才的培养缺一不可。促进科学文化与人文艺术的有机融合，既是大学文化建设的重要

《岁月·星空》雕塑

2008 年北京奥运会，北航体育馆诞生了第一块奥运奖牌，奥运精神雕塑《合力》由此诞生

《永恒的搏击》雕塑

内容，同时也是人才培养的重要环节与深刻内涵。在多年的文化建设实践中，北航高度重视大学公共艺术的建设和传播，认为高水平、高品位的大学文化景观在大学发展中具有十分重要的地位和作用。在关注大学生的个体发展和大学文化景观创设理念的层面上，学校需要提升大学文化景观的艺术性、创造性与能动性，在大学文化建设实践中探索校园文化景观的系统性与完美度，融入大学文化特色和艺术审美特质。

学校坚持“统筹规划、整体协调、突出个性、格调高雅、促进发展”的原则，本着“高品位、高标准、高起点”的要求，着眼于提高师生文化艺术素养的需要，统筹规划学校文化景观的整体布局，将扎实推进大学文化景观作为文化建设工作的重中之重，在提升大学“艺境”品位的同时，承载教育特别是美育功能，体现公益性和覆盖面，努力做到“校园景点里、宣传媒介里、师生意识里、实际行动中”有学校的精神文化传统，初步形成了具有北航特色的大学“艺境”。

其一，大学文化景观建设注重公共艺术的显性直观、参与互动、意象丰富等特点，以圆雕、浮雕等多种手法及表现形态使办学理念、校训、校风、学风等北航精神文化传统的抽象内涵变得更加深厚、生动。其二，景观建设注重发挥高品位的大学文化景观作品的教育导向、激励调节、品质优化、传承交融等作用，通过主题创设、校友捐建等多种方式，以大学精神和治学文化景观、专题性纪念雕塑景观、艺术创意思维雕塑景观等丰富多样的公共艺术表现形式，进一步发挥大学文化建设的示范性、辐射性、持久性和普适性，对艺术素养教育和北航人的全面发展产生积极影响。其三，注重科学精神、人文精神和大学精神的培育和融合，特别是在沙河新校区的建设中，确保基础设施建设与反映北航特色的文化景观建设同步、协调，首批学生入驻即感受到浓郁的北航精神传统与校园文化氛围，有利于培养人、塑造人，提升学校良好的文化形象。

二、传承弘扬北航文化，塑造滋养大学艺境

北航精神和治学文化景观“外化于行、内化于心”

经过多年建设，北航校园文化景观建设的一个显著特征就是注重表现和增强公共艺术的精神文化内涵，将大学精神和治学文化的内核“审美化”“景观化”，在建设实践中对北航的历史、文脉进行充分挖掘，让师生从文化景观中体会到学校文化传统的意蕴，营造一种拥有浓郁精神内涵的治学、求学环境。这种建设模式，一方面尊重了学校的文化传统和历史变迁，另一方面也丰富了大学文化的内涵与意境，以公共艺术景观的形态承载北航人的理想、价值与意志，并将其艺术地“外化于行、内化于心”，在校园时空中形成特殊的精神与文化传播场。

2006 年 12 月落成于北航新主楼会议中心大厅的《校训树》雕塑，以一棵树的造型寓意“十年树木，百年树人”的人才培养理念，树根部位铸有篆书体校训“德才兼备，知行合一”铭文。八根粗壮的树枝表示北航最初由全国八所著名高校的航空系组建而成，树枝向上交织生长的态势隐喻学校理、工、文、医多学科交叉融合、聚合协同创新的良好生态。树上挂满中华传统文化意象中的祥云和果实，象征学校继承和弘扬优秀文化传统，不断开拓进取并取得丰硕成果。2007 年 8 月落成于新主楼广场的办学理

念主题雕塑《世纪之声》，以中华传统古钟为基本造型，在典型钟器的基础上变化造型，使其既具有钟器的大气沉雄厚实、纹饰刻镂精细，又具有鼎的气势和当代艺术审美上的创新。钟器的上部融合中华传统文化中的云纹、环带纹等图形，象征北航文化与中华传统文化一脉相承。钟壁两面将办学理念“尚德务实，求真拓新”和校训“德才兼备，知行合一”大篆铭文凸出锻造，寓意北航治学文化体系被中华钟器这一厚重的文化载体传承和见证，使公共艺术蕴含的内部旋律扩张为空间外部表现，从而成为北航人永恒的精神象征。

《校训树》雕塑（沙河校区）

《世纪之声》雕塑

专题纪念雕塑景观“延续记忆、凝重大气”

学校专题性纪念雕塑景观表现的内容，既有学校发展历程中的重要事件、涌现的杰出人物，也有国家航空航天等领域发生的标志性事件、出现的重要人物。这些文化景观的创设，无疑彰显了学校的文化特质，生动地延续和丰富了师生对学校历史及社会宏大历史背景的文化记忆，以凝重大气的公共艺术形态拓展了大学文化景观的内涵。

《铭》雕塑

载人航天精神主题雕塑《铭》于 2004 年 5 月在图书馆广场西侧草坪落成，这是我国首座纪念中国第一次载人航天飞行获得圆满成功的主题纪念雕塑。该雕塑与 2002 年竖立于图书馆广场东侧的钱学森铜像相呼应，展现了北航的航空航天特色、工程技术优势、优良文化传统与独特文化底蕴。2010 年，为纪念中国航空事业的先驱、被尊为“中国航空之父”的冯如（1883—1912 年），学校邀请艺术家进行创作，对原教学区晨读园的冯如像进行修改塑造，重新竖立了冯如半身铜像。2002 年 1 月，新时期北航教师的杰出代表、我国可靠性系统工程的奠基者和开拓者杨为民教授与世长辞，为弘扬他淡泊名利、开拓创新的精神境界和高尚情怀，学校在他生前工作的教学区二号楼前竖立其铜像，形成一处北航师生追忆、缅怀杨教授的场所。

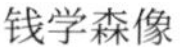
钱学森像

冯如像

杨为民像

艺术创意雕塑景观“激发灵感、富于想象”

高品质的公共艺术作品的一个重要功能就是能激发人的灵感、丰富人的想象，给人以精神的愉悦与审美享受。北航校园建设的多个艺术创意思维雕塑，无论从内容创意上、形式表达上还是艺术风格上，都较好地体现了公共艺术创设的审美特质。

如雕塑《支点》系北航 1999 届全体毕业生离校之际集体创作、捐建给母校的珍贵礼物。该雕塑作品虽略显稚嫩，但多年来伴随着四季的草绿花开、叶落雪盖，展现了莘莘学子对母校的深切情感及对真理的求索精神，形成一幅永久的动人图景。2007 年 10 月，北航自动化学院的校友在新主楼花园内捐建了《协奏曲》和《时代轮》两座艺术雕塑。《协奏曲》的造型为 4 把纵横交织的小提琴顽强地依存和融合于土地及岩石中，青铜铸就的厚重的红褐色雕塑与绿树成荫的翠色相互掩映，极富人文气息地透射出音符的幻想；《时代轮》则以圆轮为基本造型，轮体两面向外微凸，不锈钢被打造成多块大地版图，它们相互关联、融合，球体深部多层次、放射状地自中空的圆心至外径安置多层铁、铜条块，上面镶嵌 1、0、1、0……数字若干，将信息时代最具象征意义的符号与现代材料、抽象造型紧密结合。整体雕塑有一个小倾角，不锈钢表面被处理成轮体高速运动的肌理和弧线，隐喻面向未来的趋势及事物的运动、变化和发展，具有强烈的视觉冲击力、审美性与时代感。2010 年 10 月，第十一届“挑战杯”全国大学生课外学术科技作品竞赛在北航举行。为纪念这次科创盛会，学校将“挑战杯”吉祥物、北航新媒体艺术与设计学院教师王可最终入选的平面设计方案《飞翔宝宝》制作成不锈钢雕塑，设置在新主楼花园西南侧，成为学校通过重要的事件或活动，以现代雕塑的形态探索文化遗产转换传承的理念体现。此外，北航校园内建成的抽象雕塑《契合》《风之舞》等丰富多样的艺术创意思维文化景观，构筑了一个个使人生发无限联想的创意思维空间，提升了校园文化品位及大学艺境品质。

《支点》雕塑

《时代轮》雕塑

《契合》雕塑

《飞翔宝宝》雕塑

沙河校区景观规划与实施“彰显特色、艺境深远”

于 2007 年启动、如今正蓬勃建设的北航沙河新校区，作为学校“双核发展”办校理念下的“里程碑”项目，其中的文化景观作为校园规划建设不可或缺的内容，是直观且艺术地反映北航精神与文化传统的重要表征，是发挥学校文化向心力、影响力不可或缺的重要载体，是凸显北航文化特质和文化价值的特殊“文化场”。 因此，沙河校区文化景观建设力求传统与发展相衔接、规划与建设相配套，循序渐进、加强统筹，兴建了一批与沙河校区环境相协调的公共艺术精品，形成了区域合理、内涵丰富、彰显特色、意境深远的沙河校区文化景观布局。

其一，沙河校区北航精神和治学文化景观建设力求“气势恢宏、融于

沙河校区《世纪之声》雕塑

环境”，以公共艺术雕塑的形式固化、传承北航一以贯之的办学理念、校训等文化基因，使学校文化不因地理空间的距离而出现断层。沙河校区中放大设置了学院路校区中的办学理念主题雕塑《世纪之声》和《校训树》两件文化景观作品。其中，《世纪之声》设置在中轴线广场中央，主体设计高度为 6 米（学院路校区原雕塑高 3.1 米），放大的尺度使其与两侧的建筑物更协调，呈现出较强的艺术冲击效果，为沙河校区中轴线广场增添了新的文化活力。校训主题雕塑《校训树》设置在中轴线广场北端湖泊西北侧岸边的花园小广场，主体设计高度为 5.5 米（学院路校区原雕塑高 1.1 米），雕塑被放大后的整体造型及历史感、文化感使周边环境显得更加细腻和人性化，通过人与环境、环境与北航文脉自然的衔接融合，使师生从内心产生强烈的文化认同感。

其二，沙河校区艺术人文与科学精神雕塑景观建设“蕴涵真理、追寻梦想”，兴建的军工文化长廊、科学精神主题园及主题性纪念雕塑等，体现出蕴含中国传统文化之美、体现人文精神和科技发展理念的园林式大学校园的特殊韵味。如北航校歌主题浮雕《仰望星空》、展现航空航天科技发展历程的主题浮雕《翱翔的历程》、科学与艺术主题浮雕《异质同构》、主题性纪念雕塑《北航星》以及《天音火凰》《擎》等艺术雕塑，营建了浓郁的传统与现代交相辉映的艺术氛围。

《仰望星空》浮雕

建校 60 周年纪念雕塑

《翱翔的历程》浮雕

仰望星空
温家宝 词
刘晖 曲
我仰望星空，它是那样寥廓而深邃；那无穷的真理，让我苦苦地求索追随。
我仰望星空，它是那样庄严而圣洁；那凛然的正义，让我充满热爱感到敬畏。
我仰望星空，它是那样自由而宁静；那博大的胸怀，让我的
心灵栖息依偎。我仰望星空，它是那样壮丽而
光辉；那永恒的炽热，让我心中燃起希望的烈焰
响起春雷。
响起春雷。

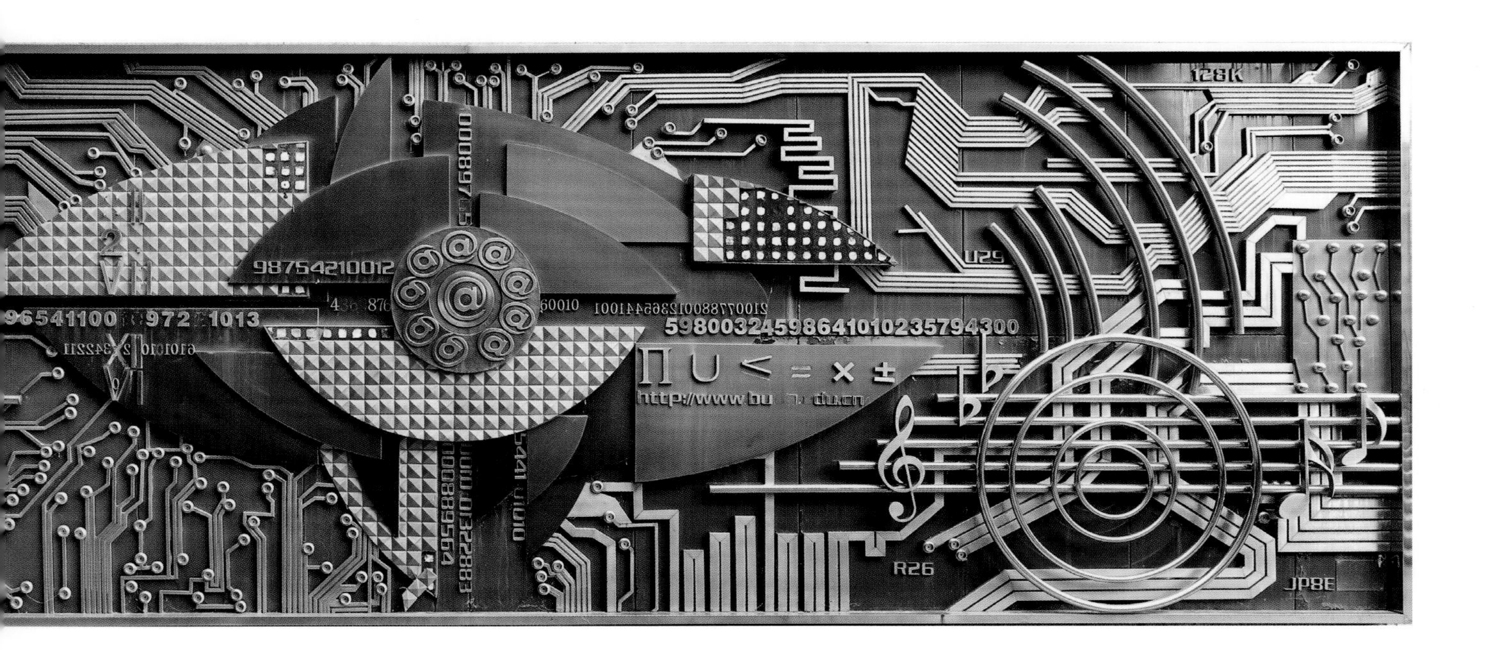
128K
98754210012
59800324598641010235794300
U29
R26
JP8E

大学校园不是一天建成的，每一所大学都有许多不可复制的文化遗产，带有强烈的文化信息与鲜明特色，如何维护大学的文脉需要大学人在持续不断的建设中不断探索和实践。近年来，随着北航校园规划建设的不断深化和推进，学校又新建了“天空之境”等多个艺境深远的文化景观，这些与主体建筑和公共空间环境高度融合的沉浸式设计，不仅是北航 70 年历史校园文脉的生动呈现与延续创新，也为塑造一个更加美好的新北航提供了恒久的文化与精神注释。

作者：北京航空航天大学人文社会科学学院（公共管理学院）院长

《合》雕塑

《神舟》雕塑

记忆拾遗——北航建设发展的那些年那些事儿

安骅

本文由原校园规划与基本建设处处长孙毅牵头，安骅执笔，基于傅国宏、过剑初、李芝兰、张玉明、蓝伟宏、王志敏、卓建国、饶巍等北航老一辈基建同志的口述内容整理而成。

之一

北航 1952 年 10 月建校，是在国家征用的海淀区柏彦庄地块的一大块坟地上兴建的。

北航的建筑从 1953 年开始到 1954 年底就建成了飞机系楼（现一号楼）、发动机系楼（现三号楼），1955 年二号楼竣工，1956 年主楼和四号楼竣工。六号楼 1961 年竣工。1955 年初，宿舍 1 号 ~14 号楼完成。学 15 号、16 号宿舍是 1958 年时全校学生、职工义务劳动建成的。家属住宅 301、302、304、305 楼于 1954 年竣工。301、305 住宅均有 7 个单元，一梯两户，3 层计 84 户；住宅 302、304 各 4 个单元，3 层计 48 户；101、103、105 住宅 12 个单元，4 层计 96 户。102 住宅（五院）、202 住宅、211 住宅一梯两户，4 层，各 6 个单元，该楼单元内廊布置，为四室一卫两厨，计 192 户，均在 1954—1959 年竣工，上述 9 栋住宅总计 420 户。建校初，教工宿舍在前门西观音寺，学校早班汽车半小时到校，食堂是大棚，既用于学生用餐，又用于上课，学生宿舍都是生炉子取暖的小平房。

展览中的北航建校初期成果

1958 年建设的东西小楼，是当年为苏联专家和老校长兴建的，两栋二层小楼各 347 平方米，也算是北航早年的别墅吧。小楼一层有一个半圆形木地板的客厅，二层客厅虽然小一点，但有一半圆形露台，建筑朴实典雅，因其独立位置一直被保护得很好，这也是对建校初期的一种怀念。当年学校分区供暖，学 1 号、4 号、5 号、7 号公寓均有 30 米高的砖砌烟筒。学生浴室外有高 50 米的混凝土烟筒为教学区供暖，家属区 5 楼、6 楼住宅有自备锅炉房各一间。幼儿园和 101 住宅西侧有两间南北区家属楼锅炉房，当时都是气暖供热，早晚各一次，暖起来时暖气片里咚咚作响，暖气退时暖气片马上就凉。

原柏彦庄湧寿寺的瓦当，现存学校档案文博馆

到冬季，满校园都有煤堆。

北航印刷厂当年极有规模。北航附中 1960 年开学，当时有一栋教学楼、一栋宿舍楼、一个食堂，在北京也小有名气。北航附小在西侧平房。1959 年北航幼儿园三栋二层小楼建成，可以说起点不低。

北航体育运动场有多处，有 50 米 ×30 米游泳池一处，50 米 ×50 米游泳池一处（后

1959 年建成的专家办公楼

1960 年完工的附中大楼

20 世纪 50 年代的体育场

因占地大及漏水被拆除），田径运动场一块，炉渣混合料跑道一处，篮球、排球馆各一座，现图书馆处有大篮球场一块，现在 201 住宅有网球场一块和灯光篮球、排球场各一块，当年其由黏土碾压建成，常用于比赛。

北航的职工话剧团演出的《霓虹灯下的哨兵》《千万不要忘记》等话剧参加全国文艺汇演。很多专业团队来北航观摩。夏天周末，圆花坛处有彩灯舞会，教职工、学生的乐队也很有水平。夏季，每到周末，南操场有露天电影，冬季老体育馆放映电影。俱乐部的收费电影票价是红票 5 分，黑票 1 角。

现在院士楼马路东侧有一个同荷花池一样大的水塘，中间与荷花池水系相通，水系上靠南侧有两座小桥。由于海淀区的地下水位很高（0.8 米见水），北航不用市政供水。校内南北两侧有自备水井抽水。北航的水质硬度较高，煮水时水壶结垢很快，要经常清理，西侧水塘 1964 年被回填。1993 年，从北航北门引入的市政自来水管道才被铺设。

北航绿园挖两个水塘时的出土堆成了绿园西北角（现思源楼处）的小土山，土山北侧是北航冬季食堂储菜用的大菜窖。

工会俱乐部

大学的特点是食堂多，“文革”前北航7个系都有各自的食堂，还有招待灶、职工灶、回民灶，1990年后还有飞行灶（南航飞行学院）。现在的知行楼位置原是东饭厅，合一楼是西饭厅，学11楼南侧还有两个系的食堂。其他食堂在校北门后的位置，没变化。

北航当时是大花园、大果园，绿园内的瓜果很多，北航的水蜜桃和西府海棠小有名气，核桃树成林。

北航到1960年基本完成建设和环境绿化工程。北航的快速建设说明国家的重视和投入，当然也有苏联专家的帮助，更有老校长武光、沈元等一批老领导、老学者的前瞻眼光和魄力，同时也说明了北航的建设者和北航人的辛劳与智慧。当年的建设者以北京建筑工程局为主，其中一建、二建、三建、七建公司都在北航干过，1954年三建公司张百发在主楼工地戴大红花参加全国群英会，离开北航工地时他是钢筋工长。华北工程局也参建了北航的多个工程。20世纪50年代初，北航的设计单位为北京市人民政府设计院，即北京市设计院。上述单位都是北航初期建设的功臣。

北航从1952年建校到1966年“文革”前，建设的各类建筑包括教学楼、实验楼、办公楼、车间、厂房、附中、附小、幼儿园、学生宿舍、家属住宅。其中，教学一号至四号楼及主楼和六号楼建筑面积为 74 805 平方米。学生宿舍 1 号 ~8 号楼建筑面积为 25 320 平方米，9 号 ~16 号楼建筑面积为 30 419 平方米。职工住宅 1 号 ~10 号楼建筑面积为 25240 平方米。西院及北院平房 11 424 平方米。实验室及库房约 12 000 平方米，附属加工厂及印刷厂 13 500 平方米，铸锻造厂房 1 500 平方米，飞机库 1 198 平方米，机坪 12 000 平方米，附中教学楼及宿舍和大食堂约 9 000 平方米，附小约 5 000 平方米，幼儿园三栋建筑及厨房 1 800 平方米，体育馆 1 538 平方米，俱乐部 1 850 平方米，南体育场 129 600 平方米，东操场 43 200 平方米，游泳池及更衣室 350 平方米，东西饭厅、北区饭厅及维修用房 12 000 平方米，校医院及平房病房分别为 2 565 平方米和 460 平方米，职工浴室 560 平方米，学生浴室 1 049 平方米，警卫连用房 1 200 平方米，汽车库 6 500 平方米，综合商店 1 200 平方米。

自 1952 年 1 月至 1966 年学校建设完成，北航总建筑面积达到 239 867 平方米，很好地满足了学校教学、科研、学习、生活的使用需求。

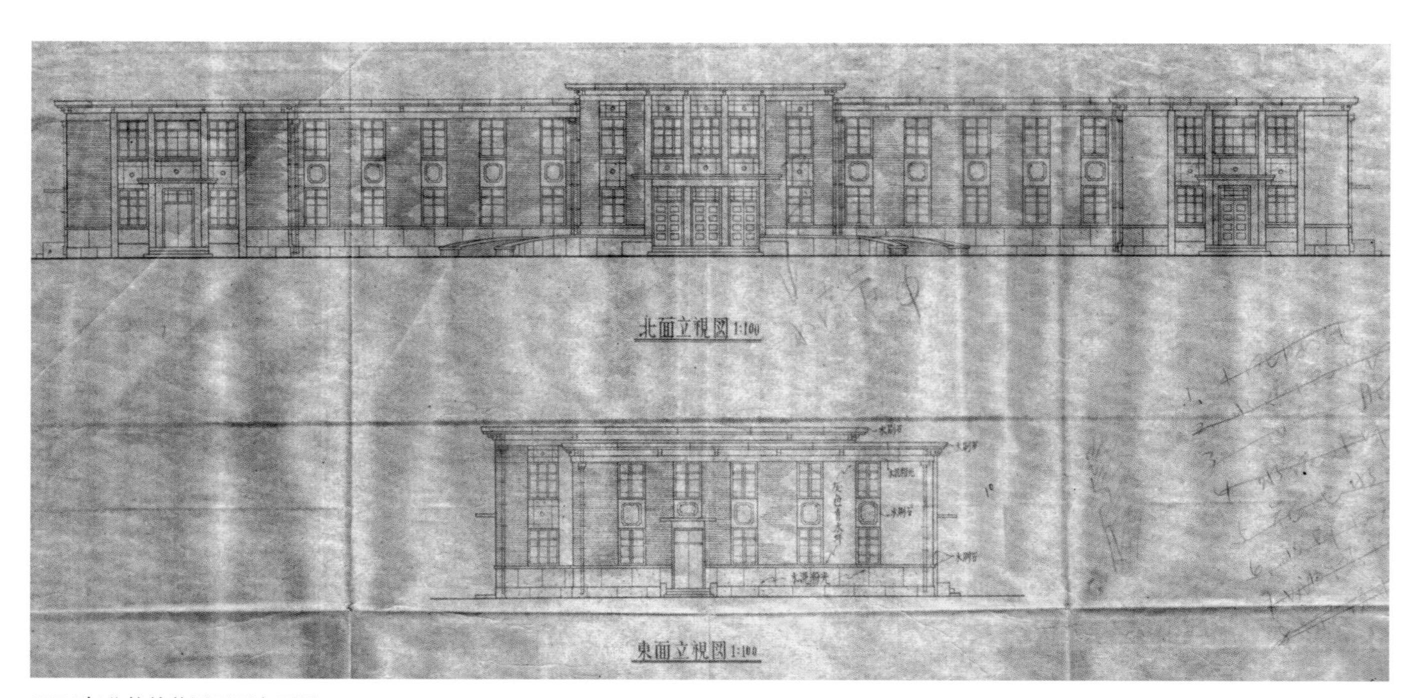

1956 年北航幼儿园不同立面图

学生西饭厅

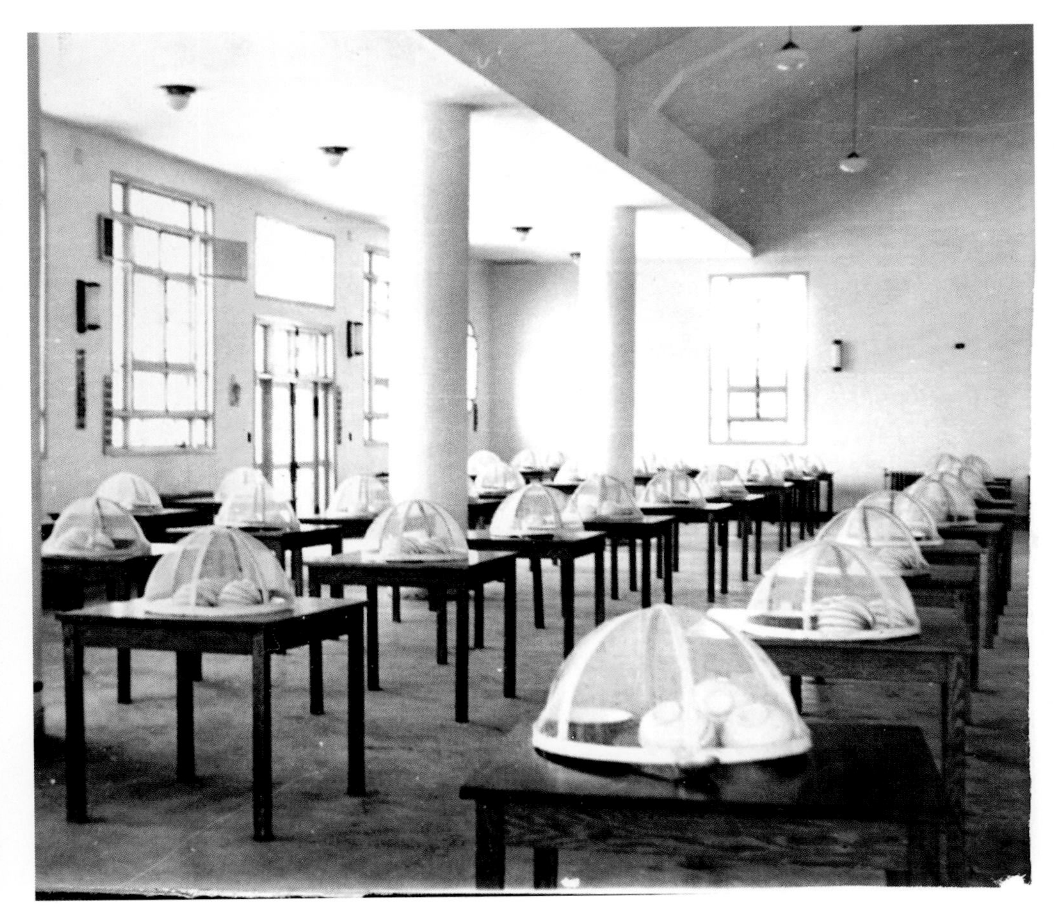

学生东饭厅内部一角

之二

1966 年至 1976 年的十年中，学校同国家的命运一样，发展与建设停顿了。由于教职工的住房已达到很可怜的地步，常常一家五六口人挤住在 10 平方米的住房里，一个单元住 3 个家庭很平常。学校在 1974 年开工建设 205 和 208 住宅，建筑面积为 7 165 平方米和 7 469 平方米。二楼为砖板结构，抗震和保温性能都不好，冬季由于室内外温差大，楼山墙因温差产生结露情况。

1976 年 7 月唐山大地震后，我校第一项建设任务是抗震加固。学校建筑物有多处受损，校医院外墙有交叉裂缝、机械厂内墙有多处裂缝、六号楼 5 层西北角预制板发生位移等。由于北京地区工程公司安排不了建筑队伍，我校请到河南省鹤壁市建筑公司，并请北京市建筑设计院、北京市第三建筑公司与我校基建科组成三结合设计小组，对全校建筑物逐一进行验算、鉴定，于 1976 年底制定抗震加固规划，1977 年国家颁发“工业与民用建筑抗震鉴定标准”，我校同步调整规划。

上述项目主要加固施工内容为：加大外墙基础，做勒脚；增加混凝土护墙外横墙混凝土柱；房架下弦增加型钢圈梁；钢筋网抹灰加固弱墙；钢拉杆拉结墙身；墙裂缝灌环氧树脂补强等。我校抗震加固工作 1977 年从校医院第一栋至 1989 年附中教学楼最后一栋，历经 12 年。1993 年 4 月，北航向航空航天部抗震办公室申请工程验收。北航抗震加固 44 项，不需要加固 58 项，无加固价值 7 项，整改控制 1 项 6 栋，总建筑面积 239 783 平方米，需加固面积 194 174 平方米，完成加固面积 175 184 平方米。学校领导对校内建筑物的安全问题是重视的，相关部门的工作也是认真细致的。

1979 年竣工的 201、212、306、307、308、405、406、407 八栋教工住宅面积 31 068 平方米。住宅为 5 层，一梯 3 户，一户 3 个开间，内浇外砌砖混结构，由于是唐山地震后的建筑，抗震烈度为 8 度设防。各户面积在 53~63 平方米之间，虽然面积不大，但住户可以独立生活在有厨卫的房子之中。

1981 年，学校在校医院西侧征用农田，建设了 411~416 六栋住宅，建筑面积

27 488 平方米。该项目单元有一居、二居、三居组合，为了照顾老教授，还设计了三居加一居的布局，子女和老人同层分户居住。当年国家建材市场的钢筋、水泥、木材是有配额指标的，建筑市场也没对集体、个人开放。该项目施工总承包单位是北京建工局三建公司，农民工来自河北保定地区。为抓进度，正月十五后，北航校车接农民工进京，当年学校还每月为农民工放专场电影。

1986 年到 1989 年建设的 203、204 住宅是学校为青年教工建设的一室一厅一厨一卫的公寓楼，203 住宅为通廊两侧居室布置，北侧有不见阳光的单元。204 住宅有 3 个单元，每个单元一梯七户，北廊布置，建筑面积 12 178 平方米。该两栋楼由基建处设计。

1985 年至 1991 年建造的 401、402、403、404、417、418、309、106 八栋住宅均为一梯两户的三居住房，结构为内浇外砌式。为增加居住面积，承重墙厚 200 毫米，但屋顶有牛腿小梁，厚 300 毫米，加宽了楼板支撑宽度。该建筑两室朝阳，一室向北，门厅宽敞，明厨明卫（楼梯间有小高窗）。单套建筑面积为 75.42 平方米。这 8 栋住宅总建筑面积为 30 165 平方米，很大地改善了干部和教授的住房环境，总计有 400 户入住三室一厅的房屋。由于前 4 栋楼有墙体裂缝，后 4 栋由基建处设计，加大配筋，改平挑檐为坡檐口。

北航 303 住宅是为商业用房兴建的，一层为北航超市及后院货场，超市面积为 1 175 平方米，上部 4 层为一室户，两端入楼面积 1 454 平方米。104、110 住宅有一、二、三组合及标准二、二、二组合，总建筑面积 13 128 平方米。

北航 114 住宅是国家教委 1998 年为解决青年教师住房专款兴建的，立项为筒子楼改造，它说明了当年全国有很多集体宿舍是青年人的婚后住房。该楼为剪力墙结构，北侧通廊布置，一室户型，一层 20 户，计 14 层 280 户，地下两层，包括一层人防，建筑面积 17 536 平方米。

北航 107 住宅是校西北角的一座有半弧形全三室户的剪力墙结构住宅，西侧弧形部分为 14 层 3 个单元，东侧 10 层 5 个单元。地下室两层，包括人防一层，北侧跳层布置通廊。该住宅总计有 166 套房，建筑面积 23 428 平方米。标准层单元为 85 平方米，西端的大户室面积有 103 平方米。

108、109 住宅是北航在北四环通车前建设的两栋高层塔楼。该两栋楼为剪力墙结构，内天井环廊布置，南侧两间为一居室户，东西各两间，为二居室户，另外 4 套为三居室户。北侧居室采光受影响，二居室户为东西两侧采光。该两栋楼最大化地利用了学校宝贵的土地，两楼一层 10 户，总计 18 层，产出 360 套住房。两楼地下设两层，设人防一层，建筑面积 32 358 平方米。

北航 206 住宅是为满足院士住房需求建设的，总计 24 套，为三室两厅两卫，中厅 25 平方米，5.1 米的大开间，采光极好。该楼东西侧为一室一厅住户，总计 12 套，总建筑面积 4 462.5 平方米。由于多层建筑不设电梯，现在看来给老年同志带来困难。207 住宅是一梯两户的三室户住宅，每户建筑面积为 103 平方米，中厅也达到了 25 平方米，很宽敞。该楼 6 层，总计 48 户，总建筑面积 4 656.54 平方米。

20 世纪 60 年代以来建设的北航住宅群

学生 8 公寓，现用于单身教师公寓等用途

北航 2000 年在二区和三区贴建了 7 栋教工住宅，为不做搬迁，不改北侧下水系统，贴建只在南侧施工，从基础向上，砸掉阳台，对新老楼进行植筋连接，外接一个或两个开间（南南户型），虽然每个户型只增加了 18~30 平方米，但对住户的惠处是很大的，贴建受益户数达到 465 户，总建筑面积 9 022.42 平方米。而后，四区教工也要求贴建，但最终未办成规划手续。

由于校内建设用地紧张，学校 1995 年在西三旗育新花园购入两期商品房总计 26 781 平方米。自 1974 年建设的 205、206 住宅到西三旗外购商品房楼，学校总计建设了 248 413 平方米的教工住宅用房。

另外学校还协助教工在 2001 年购入佰儒苑商品房 30 591 平方米，在 2003 年购入逸成东苑商品房 13 566.02 平方米，购入清林苑商品房 18 364.26 平方米。

北航为自己教职工的住房环境改善做出了很大的努力，在北航生活的职工享受着绿园的花草树木，享受着图书馆前的宽阔广场，享受着完备的体育健身场所，但我们的青年教工因历史和时间的问题，只能在北航之外生活，他们上班的时间成本和交通成本都大于校内职工，这是学校一直关心、关注的问题。

自 1958 年学 16 楼建设后，23 年北航没再新建学生宿舍。1981 年留学生公寓开工，该工程是航空部为定向出口国的留学生建设的。该楼即现在的校办公楼中央部分，为 5 层砖混结构，建筑面积 5 530 平方米。1986 年加盖了东西配楼各 4 层，主楼一层连接东西配楼，配楼建筑面积 3 794 平方米（该楼不计入学生用房面积）。

1984 年，学生 17 公寓、18 公寓开工，为两栋 4 层砖混结构建筑，建筑面积 4 098 平方米。两楼于 1996 年各加盖一层，施工从基础开始加固，墙身加柱，至新加层的生根连接，加固后两楼总面积 10246 平方米。该项目为研究生公寓。

北航学生宿舍建设相对滞后，1993 年开工新学生 11 公寓（老学 11 楼是“文革”前建的校办公楼，位置独立，在现在的如心会议室）。北航绿园南侧学 1~10 公寓是围绕中心花园对称布置的，而绿园北侧的学生 12~16 公寓是以学生 13 公寓为中心布置的。现在从学生 13 公寓中心穿绿园中心树坛，到花园中心树坛，可至学生 11 公寓门洞。新学生 11 公寓为砖混结构，6 层，为研究生公寓，建筑面积 10 144 平方米。1999 年博士楼建设，该楼在学生 12 公寓北侧，由基建处设计，编号学生 19 公寓。

2001 年新学生 12 公寓开工，新楼是拆除旧学 12 楼建设的，旧学 12 楼 1956 年 1 月竣工，为 3 层砖混结构，建筑面积 3 118 平方米。新楼为砖混结构 6 层，建筑面积 8 310 平方米。

2003 年，由于学生南区 8 栋宿舍楼翻建，当年学校不得已将新生安排在河北廊坊大学城，学校开动了校内各单位力量，很好地解决了学生教学、生活、安全等问题。

2003 年原学 1 楼、学 2 楼、学 3 楼、学 5 楼、学 6 楼、学 7 楼 6 栋学生宿舍被同时拆除，这些老楼面积同为 3165 平方米，总计 18990 平方米。6 栋楼新建，同学生 9 公寓一样均为地上 7 层，地下 1 层，基础埋深 -3.69 米，现浇钢筋混凝土结构，内通廊两侧布置卧室，内卧阳台。

学生 12 公寓

学校南区学生宿舍

2001 年中国首次主办第 21 届大学生运动会，天鸿集团在北航附中南侧建设大运村，北航附中的食堂和学生宿舍、锅炉房、校办工厂因征地被拆除。大运会结束后，2002 年北航租用了大运村公寓，10 栋布局合理、环境优雅、质量可靠的高层板楼作为学生公寓投入使用，极大缓解了学校的学生住宿压力。

之三

北航老主楼上由毛主席题的“为人民服务”牌匾挂了 60 多年。这是北航人前进的动力和方向。老主楼前还有老校长沈元的正楷题字“艰苦朴素，勤奋好学；全面发展，勇于创新”。字体和内容都令人感慨和深思。

北航主楼 1955 年 6 月开工建设，该楼分为主楼中央、主楼两翼、主南、主北和中央半地下室 5 部分，设计单位为北京市建筑设计院，施工单位为北京第三建筑工程公司。

2002 年学校对主楼及一至四号楼装修，主楼外墙贴蓝灰色瓷砖，主楼中央及两翼一层干挂浅黄色大理石，主南及主北采用蓝灰色砖及浅黄色涂料。受一号楼檐口水泥椽子的影响，主楼新做一圈装饰混凝土檐口及东门一层檐口。主楼楼顶安装“北京航空航天大学”电子校牌，夜间比白天更醒目。由于主楼门前有松柏林，不能和学院路通视，将树林移栽后改种绿篱矮墙。主楼东门平台和大厅换大理石，一层全部户门换铜质装饰门，全楼换茶色铝合金窗，并做主楼及一至四号楼的连廊。

图书馆工程——北航图书馆于 1984 年建设（以前无正式图书馆，教一号楼二层东侧为建校后使用 32 年的图书馆）。图书馆由原航空部第四规划设计院设计，图书馆分为七大部分，有主楼、东西配楼、目录厅、书库、演播楼、学术交流厅、两个内庭院。图书馆 8 度抗震设防。主楼部分是装配式框架结构，预制的梁、板、柱均由东郊的北京第一建筑构件厂生产。当年基建处专职催促构件生产，以采用装配式框架工艺。

图书馆建成后经历了 4 次扩建，1999 年东西配楼各做了两层扩建，工程从基础扩大至墙体建设，建筑面积2 655平方米。第二次是在50年校庆时，工程于5月20日开工，校庆时图书馆便开放使用。原图书馆外墙是红灰色水刷石，入门台阶也低，钢窗陈旧，原设计者航空规划设计总院对此做了颠覆式的改动，将新接建筑的门脸做成开启的图书那样的双层弧形，内钢架的玻璃点幕墙直通 4 层，满天的星雨罩、灰色瓷砖墙体、东西两侧的玻璃墙使图书馆完全变了模样，很多高校对北航的图书馆改建工程给予了很高的评价。该设计在 2003 年 5 期《建筑学报》有专项报道。图书馆广场和校办公楼也是同年 6 月份开工建设的。校办公楼北侧原保卫处、基建处的平房被拆除。办公楼原红砖外墙改为灰砖并刷涂料，楼内铺地砖、换门、装修卫生间。图书馆广场铺装石材，种植银杏树及草坪，设置浇灌系统。二期扩建建筑为框架结构，从主楼向南贴建 6.9 米，新旧结构植筋连接，东西两侧新建装饰柱，楼内地面铺装高档通体地砖。外墙采用深

图书馆

灰色墙砖贴面，上部涂白色涂料。外墙大面积弧形瓷砖反射的光泽足以说明外墙砖的上乘。图书馆门前用于题字的石头是施工单位赠送的，广场喷泉是设计单位航空规划院赠送的。新建的图书馆不论是白天的宽敞大气，还是夜色下的灯光、星光都十分迷人。

图书馆的三期扩建在 2003 年，对东西配楼贴了灰色外墙砖，刷了涂料（原 3+2 的配楼外墙为红机砖）。书库南墙被拆除，增加了一个厚度从 4.0 毫米至 4.7 毫米的弧形新柱网，南立面改实体墙为玻璃幕墙。新跨 3 至 6 层南侧为开放式书架，增加南侧楼内钢梯等。

2007 年学校动力增容后，图书馆变电室与图书馆主楼接通。图书馆主楼安装了 VRV（变制冷剂流量多联式）空调系统，同学们在夏天终于可以安静、凉爽地读书了。

图书馆的四期扩建在 2010 年，主要涉及学术交流厅的装饰改造工程。原建筑南北两侧新增 24 米 ×2.5 米的两层两跨。内部安排了声控、音控耳电室。主席台后增加男女化妆室（原空调机房内），南侧二层增加放映疏散钢梯和无障碍坡道。大厅吊顶为六段的曲面。工程还更换了灯具、吸音顶棚和墙身吸音板，新交流厅现在可用于小型演出，新厅有 446 个座位，新增面积 240.48 平方米。新厅同图书馆一样贴灰色瓷砖，做白色檐口。设计院说图书馆的灰色是北航蓝，至此，图书馆、办公楼、主 M、知行楼和学生公寓都采用灰白色，形成该区域的主色调。北航蓝大面积使用于住宅区，从北门的一区 108/109 住宅两栋塔楼开始，向南至二区、三区，再到北航附中旁的四区 405/417 住宅，几十栋红机砖的多层住宅在 2008 年以后都采用了北航灰和白线条的涂料装饰。

作者：原北京航空航天大学基本建设处科长

北航人心中的那片“绿洲”

范一之

1979年，刚参加工作的我满怀憧憬来到北京航空航天大学，在此后的40多年中，我在北航的校园中工作，也将家安在了这里。因工作原因，我有幸参与了北航多处标志性项目的建设与管理工作，有“北航绿肺”之称的“大绿园”设计与管理建设工作是我格外看重的职业经历。2022年值北京航空航天大学建校70周年，北航从建校之初就规划校园中的园林景观。绿园景观的迭代更新从校园绿色环境营造的角度映射了北航校园70载建设的变迁发展。希望通过对绿园提升建设过程的片段回忆，引发北航人与读者对北航校园景观面貌更新的共鸣。

北航校园中坐落着两个绿园——校园北区的“大绿园”和校园南区的“小绿园”。大、小绿园均在20世纪50年代北航校园建设初期便规划建设了。“小绿园”原貌是一圈半高的灌木围合的呈放射状形态的景观，中间形成一个规模不大的园池绿地，有点仿照欧洲传统园林的设计模式。后学校扩大招生规模，把“小绿园”中的一些树木移植他处，东西两侧各建了一栋学生宿舍楼，使“小绿园”变得更小了。

对于“大绿园”，我对它的最初印象始于我刚参加工作时，骑着自行车穿行在校园中，那时的北航校园绿化还是以树木为主，校园中路两侧的大树尤其茂盛。校园中路的北侧就是“大绿园”所在地。当时的绿园就是树木多，花草等绿植还处在比较自然的生长状态。至于“大绿园”的起源，据老一辈校园建设者说是由那时的绿化组负责日常维护的，2012年9月出版的《北航故事》有一篇文章讲道“绿园原本是片荒地，1955级学生毕业分配，在等分配的日子，建绿园、挖湖、建16宿舍楼都是毕业班的任务。”如今美丽的人工湖是在当年人工湖基础上形成的，南北各有一个圆形小湖，之间有个很短的水渠相连，在渠上还建有小石桥。绿园历经几代北航人的努力，尽管如今小木桥已变成了更漂亮的石桥，但老校友们心中的影像和当初劳动的喜悦仍在。2002 年建校 50 周年时，学校重新对其进行了设计与改造。有不少同事回忆，学校的园林工程是由毕业于北京林业大学的女工程师朱浸和她的丈夫苏明启主持完成的。原先绿园北侧的边缘靠近现在的学生宿舍曾搭建暖棚，绿化组的老师们自己培育了一些花草植物，按不同季节摆放在校园中，在此后的绿园整体改造后，这些地方全部都纳入整体景观。不久暖棚也被迁移到如今的致真大厦北侧，在一段时期后，出于校园景观整体性的考虑，也被拆除了。

2002 年在北航校庆 50 周年之际，一方面为了提升北航校园绿色景观水平，另一方面响应北京市政府发出的“黄土不露天”的环境治理要求，学校决定对“大绿园”做大规模的改造升级，立项总资金 400 万元，这对于 20 年前的高等院校而言，能用这么一大笔钱做校园景观建设是十分难得的。我当时在校后勤部门工作，因这个项目建设需要校方专人负责，于是我被安排具体负责该项目的绿化部分的施工监督、协调、后期审计工作。

那时参与投标的设计单位有三四家，最终中标的是上海博大园林建设发展有限公司。当时首先面临的是土地覆盖的工作，一定要选择适合北方地区生长的草种，而且后期养护成本也要充分考虑。之前园中以自然杂草为主，后来确定在山坡上种植丹麦草，它叶面宽大且不需精细修剪，会长出紫色小花，且这种草十分耐阴，因绿园周边树木高大，阳光照射不甚充足，种植丹麦草就不需过于考虑光照问题。原有“大绿园”中绝大部分的树木都被保留了，像灌木、乔木等。最重要的是，这次改造升级为我们提供了一种立体化的校园

戏水野鸭

亭亭荷花

绿园幽径

景观设计理念与模式。过去园中都是平道，虽然有水池、有小桥，也有一点水系景观，但在这次改造中增加了层层叠叠的山石，再配合落水景观的处理方式，绿园一下就有了苏州园林的意境。整个绿园的所有落差空间都被改进，一改之前平面化的状态。绿园中的道路规划也是曲径通幽的，别有韵味。改造的时候又修建了一些适合走步慢跑的“健身步道”，方便人们一边游园一边锻炼。园中按照四季特点引进了种类丰富的花草绿植，有一些是纯粹的草花，有一些是碧桃、鸢尾花、玉簪花、迎春花等，色彩十分丰富，且按照园内的景观布局细致排列，自成一景。科学的花草绿植配置从园林绿化的专业角度为校园增添了各季色彩。

绿园石拱桥与荷花池

改造后的“大绿园”最吸引师生的是荷花池，一到夏季满池荷花尽收眼底。池中还修建了“池中小岛”，其不仅是荷花池的景观展示点，更吸引了野鸭们来此落户繁衍后代，每年的冬季前夕野鸭群都要来到小岛，我们在岛上为野鸭们修建了栖息屋舍。荷花池中的水流经过改造形成了流动的“活水”，每年都有小鱼小虾供野鸭们食用，形成了十分自然的生态循环系统。“大绿园”作为北航校园中最大规模的园林景观，深受老师、同学乃至学校周边居民的喜爱，从一定程度上它已经超出了“校内公园”的范畴，成了造福北航周边市民的优质“城市公园”。它同时承担了“园林景观”的功能，无形中给北航校园带来了除景观外的“绿量”。人们除了来这里休憩漫步、健身休闲、组织户外活动，冬天孩子们还时常在荷花池中滑冰嬉戏，这些都组成了北航独有的人文景象。

作者：原北京航空航天大学后勤处科长

报国梦起柏彦，耄耋志存永寿

郭姝

1952 年 10 月，恰是老舍笔下北平最美的秋，天气不冷不热，昼夜长短也平均。为了新中国国防科技力量的增强，为了中华民族航空航天事业的发展，中华人民共和国第一所航空航天高等学府“北京航空学院”诞生了，那年 10 月 25 日，中法大学旧址礼堂举办了北京航空学院成立大会。那时候，选定为北航校址的元大都“蓟门烟树”城门以北至柏彦庄涌寿寺之间的大片土地还是一片乱葬岗和荒滩地，但那批心怀航空报国的青年依旧从四面八方赶来，这片土地因为他们而充盈着热血，因为他们而焕发出生机。可知晓，多少年后从 1952 级校友中竟走出了六位院士，他们也是早期的北航校园建设者。

在柏彦庄工地上的钢筋

这批学生是特殊的一代，时光追溯到他们年少时，战争的炮火还在中华的土地上蔓延。“如果天空中有我国强大的空军，敌人的飞机还能横行霸道吗？”年轻的戚发轫怒火中烧。高考时，他毅然决然地将所有的志愿都填报为航空院校，为的就是壮大祖国的航空力量，为的就是让人民不再受外敌欺侮。而战火无情，从东北肆虐到江南，打破了水乡的安宁。出生在上虞的钟群鹏，在颠沛流离中度过了整个童年。1952 年，年轻的钟群鹏被组织分配到团中央办公厅，但他却请求“支援国家建设”，报考大学，立志学科学。技术救国是钟老的家规，更是钟老的志向。戚发轫、钟群鹏，都是那一代的缩影，拥有同一颗赤子之心，同一个救国的梦。

中法大学旧址

那年，北京航空学院刚刚成立，来自清华大学、北洋大学、厦门大学、四川大学等八所院校航空系科的教师组成了学校最初的队伍，近五百名新生的航空报国梦有了归属。正如郭孔辉所言，“高考，我很幸运……不少同窗多年的同学都羡慕我，向我道贺。”考上心仪的院校，航空报国有了起点，是郭老所庆幸的，也是那一批学子所庆幸的。只是那时候北航还没有现在的校园，考上北航的新生一部分被分到清华的筒子楼，一部分被分到北京工业学院的临时平房。第二年他们迁到北航新校址时，校园还是一片繁忙的工地，建好的只有飞机系教学楼和一栋学生宿舍。当时很多课在工棚里上，“那时的北京比现在冷多了，半夜从工棚改成的厨房端了元宵回宿舍，没到宿舍就冻上了！”陈懋章回忆道。但学生们都没有什么怨言，“以中有足乐者，不知口体之奉不若人也”，学得卖力又扎实。为了尽快建好学校，学生们都自觉参加义务劳动，秋天哼着歌，冬天呵着气，搬砖修路平操场，洋洋洒洒的是学习，也是建设。后来校园里树起了“培养红色航空工程师”的红色大字标语，不悔的理想、庄严的宣告，激励着那一代人学知识、画图表，背沙包、扛砖头。是他们，在简陋的工棚中抓学习，在繁重的课业外搞建设；是他们，一路披荆斩棘走出了北航精神的红色起点；也是他们，走出了东方崛起的新征程。

转眼间，1952 级学子毕业已逾一个甲子。他们的眼角多了几条皱纹，两鬓多了几缕白发，而岁月未曾改变的是他们坚定的目光。70 年沧桑历洗，奋进的北航风华正茂，气势恢宏；80 多载砥砺前行，辛勤的院士是北航的荣光，是中国的骄傲。何期于鲐背，相约于茶寿，愿校友们健康永驻！

作者：北京航空航天大学图书馆副馆长

印象中的老北航

北航人

北京航空学院与其他七所高校坐落在海淀区东南一隅，号称“八大学院”，它们分别是北京航空学院、北京医学院、北京地质学院、北京钢铁学院、北京矿业学院、北京石油学院、北京林业学院、北京农业机械学院。这八所学院于 1952 年同时拔地而起，双双两两门对门交相辉映，甚是了得，“学院路”由此而得名。

始建于 1952 年的北京航空学院（以下简称老北航）与其他几所高校一样，是全国院系调整的产物，该校以清华航空系为主，又有云南大学、厦门大学、北京工业学院等有关专业合并组建。直至 1960 年中期，老北航号称有全国航空界的“二个唯一”，即唯一的一级教授王德荣、唯一的学部委员（即科学院院士）沈元，他们名副其实地独占鳌头。北航占地面积居“八大学院”之首，当然，凡此种种已让老北航高人一筹。

一、北航校门引路人好奇

首先，北航是“八仙”中唯一不挂牌的大学，学校正门朝东，常年紧闭，门前伫立着两位持枪荷弹的解放军战士，除了持有工作证、学生证者，故鲜有人出入此门。在正门南面约 400 米处还开有东南校门，老北航人俗称“南门”，此门是日常生活通道，又由于公交车站设在此，所以这里白天车水马龙、人来人往，反而成为事实上的“正门”，以至于外来人都以为这里是老北航的“山门”。

其次，这里的公交车站名怪异，相邻的公交车站都冠以“XX 学院”，而北航站则曰“十

20 世纪 50 年代的北航东校门

20 世纪 90 年代北航东校门

北航东校门现状

间房”。据考证，此地名源于这里地处老北京城外西北角，1949 年前是大片坟地，而“十间房”即看坟人的居所。老北航人似乎也不嫌晦气，这个站名一用便是 20 多年，直至 1970 年代末改革开放后，站名才改为“北京航空学院”。

二、校园区域按照功能严格划分

老北航作为准军事院校，其校园整体呈东西走向，由东向西按功能划分为三大区域，即教学区、学生宿舍区和家属生活区，各建筑严格按区域划分，甚至北航附中都被都划在校区之外，真可谓泾渭分明。

1. 教学区

主教学区由包括主楼在内的五座教学楼以及其他附属设施，如印刷厂等组成，校园正门设在此区域；另外还有六系楼、七机部某研究室、八八一厂（北航附属工厂）等分散在主教学区之外的零散保密单位。

校内驻扎着北京卫戍区一个警卫连，负责上述保密重地的警卫工作，其中主教学区除设三个门岗之外（正门一处、院内另设南北二个门供教职员工使用），还在多处重要地点如机库及停机坪（即现在的北京航空馆）等专门设有哨位，所有这些地点、区域无关人员禁止出入。

警卫连的营房设在教学区外，两排平房所处地势低洼、潮湿，我曾亲眼见到大雨倒灌营房的情景。警卫连战士都有一长一短双枪配置，平日战士们上岗执勤都腰佩“五四式”手枪，至于长枪（半自动步枪、冲锋枪、班用机枪）只有在战士日常擦拭武器时出现，从而引来孩子们羡慕的眼光。战士们除了上岗执勤、出操之外，日常只在营区内活动（确切地讲除了宿舍前的一片菜地之外，所谓“营区”只是二排营房周边几十米的范围）。

闲话“铁丝网”，20 世纪 80 年代之前，“铁丝网”作为一道风景线在北京举目皆是。

尤其是遍布郊区的五花八门的单位基本都用铁丝网做围墙。它们星罗棋布地在农田之中交织，就连保密单位也不例外。令人记忆犹新的是，地处中关村地区的中科院十多家研究所各个都用铁丝网做“衣”。老北航这个保密院校也是如此，除了临学院路的东侧有一道灰砖墙外，其余的“院墙”，包括院内封闭教学区等的保密区域都使用“铁丝网”隔开。但在孩子眼里，铁丝网形同虚设，只需同伴上撩网孔，他们瘦小灵活的身子便可轻松地穿“墙”而过。出于好奇，淘气孩子有时甚至钻铁丝网进入教学区，若被发现，战士也只是平心静气地将其“驱逐出境”而已。

2. 学生宿舍区

这块区域主要有学生宿舍楼、运动场所、学生和职工餐厅、花园、行政单位等。学生宿舍共有 16 栋楼，编号学生 1 楼 ~ 学生 16 楼。其中 11 楼是个例外，是行政办公楼。老北航当时直属于国防科工委领导，故经费充足，在“八大学院”中有财主之称。大型操场有东操场、北操场以及南操场，尤其是南操场由两个标准足球场并列而成，单体面积堪称京城之最，那时国庆游行小型彩排有时安排在此进行。

学校还有两个游泳池，尺寸分别是 50 米 ×30 米和 50 米 ×50 米，特别是第二个

北航游泳馆室内

游泳池建于动荡的 1968 年。一所大学同时拥有两个游泳池，在全国是“独二无一”的！如今游泳池已经变身游泳馆。另外，在老北航北端还有一座靶场，靶墙由炉灰渣堆砌而成，此射击场适用于小口径运动步枪，老北航拥有学生射击队，时过境迁，靶场早已荡然无存。

3. 家属生活区

家属生活区位于院区最西边，主要由住宅楼、平房区、老附小、幼儿园、校医院等组成。住宅楼 10 座，编号为 1 住宅 ~10 住宅，以及西院、北院、西北院 3 个平房区。

老北航住房分配情况为：①工人师傅、已婚助教（同类人员）等住在平房区；②讲师、副教授、教授以及干部住在住宅楼；③院级干部则住在位于主教学区西南一隅的东小院，现如今是赫赫有名的北京航空馆；④未婚的助教等则住在学生宿舍楼里。

老附小位于家属区西段，由一群平房院落组成，除了院内的零星活动场地之外，院外东侧还有一座略小的操场。1968 年，老附小搬至前音乐研究所；不知什么时候，附小再次择址重迁，搬到现游泳馆南端。

幼儿园的三座袖珍二层小楼呈“品”字形与老附小相邻，至今仍在原处。

那时的校医院医生的医术高明，由于就诊便利，甚至抢了邻近的北医三院的风头。对于孩子们而言，每年夏天校医院保健室是办游泳证必须“朝拜的圣地”。

如果说老北航算是另类，那北航中还有更另类的单位吗？他们就是七机部（航天部）五院某研究所某室和文化部音乐研究所。

如今时过境迁，老北航曾经的神秘面纱已褪去，警卫连于 1980 年代才撤离，现如今学校各个校门口都悬挂着醒目的校牌，甚至临街的大厦顶上都打出北航的名字；公交站名“十间房”早已销声匿迹，靶场荡然无存，北航附小再次迁建；在音乐研究所旧址上开放型的新主楼拔地而起。如今，只有老教学区还象征性地保留了三个门的门岗，算是给老北航人留些念想罢了。

第四篇　北航校园经典建筑

学子求学于校园，需要学术家园的滋润，更需要让心灵得以寄托的空间。北航的校园既有 20 世纪 50 年代的老建筑群，那代表了学校成立之初的光荣历史与峥嵘岁月，也有一批新时代校园建筑的精品。如果说 20 世纪 50 年代的经典代表着 20 世纪高校建筑遗产的优雅与辉煌，那么 21 世纪的新建筑不仅给北航发展以文化动力，更给高校建筑文化振兴提供了设计策略与借鉴模式。北航 70 载建设的经典建筑绘就的蓝图不仅有对传统建筑的有机更新，也有将新建筑与建筑遗产相融合的实例，从而使从历史走来的“八楼十六馆”、两个校区的新老“三大主楼”，在面向北航文脉传承与集约能力建设上，相得益彰，展示永恒的建筑创作魅力。相信通过对 70 年以来北航建设的两个校区的经典建筑及景观的回望，读者可以了解中华人民共和国的大学建筑何以有傲人之秀，这不仅是文化积淀的作用，也离不开有准则的创新实践。建筑里的北航有语境，更有愉悦的“表情”。

北京航空

航天大学

主楼群

主楼群原名教 12 楼，建筑面积 29 084.8 平方米，占地面积 5 412.3 平方米；其中主楼建筑面积 17 606.8 平方米，地上 6 层，地下 1 层，高 24 米，1955 年 8 月 13 日开工建设，1956 年 8 月 21 日竣工。主南与主北教学楼建筑面积均为 5 739 平方米，地上 5 层，1956 年 3 月 26 日开工建设，1957 年 2 月 9 日竣工。总设计师为中国著名建筑师杨锡镠，设计单位为北京市建筑设计院（原北京市人民政府建筑工程局设计院），施工单位为北京市第六建筑工程公司。主楼群作为北京航空航天大学近现代建筑群重要组成部分，于 2007 年 12 月被北京市规划委员会、北京市文物局编入《北京优秀近现代建筑保护名录（第一批）》，于 2018 年 11 月被中国文物学会 20 世纪建筑遗产委员会评选为“第三批中国 20 世纪建筑遗产项目”。2021 年，学校开始对主楼群进行新一轮的保护性改造，以实现强筋健骨、延年益寿、使其见新的效果，改造后其功能为现代教育教学中心，主要为沈元学院、北航学院、北京学院等单位的教学科研办公场所及全校公共教室。

主楼群（组图）

北京航空航天大学
为人民服务

001

主楼群（组图）

主楼群（组图）

“星空之路”景观

“星空之路”位于主楼东侧，围绕“航空”“航天”主题凝练北航独特的景观元素“星空”“苍穹”，打造极具北航特色的校园核心景观区。景观建设者依据北方的气候特点及植物季相变化，充分利用原有主楼群周边植被资源，进行梳理、规划、种植，完成“多彩春花、缤纷秋叶”多色彩主题的植物景观建设，为师生呈现“三季赏花、四季有景”的美丽校园。

“星空之路”景观（组图）

一号楼

一号楼原名飞机系楼、教 5 楼，建筑面积 8 822.4 平方米，占地面积 2 460 平方米，地上 4 层，1953 年 6 月 30 日开工建设，1954 年 6 月 22 日竣工。总设计师为中国著名建筑师杨锡镠，设计单位为北京市建筑设计院（原北京市人民政府建筑工程局设计院），施工单位为北京市第六建筑工程公司。一号楼是北京航空航天大学近现代建筑群中最早建成的楼宇，于 2007 年 12 月被北京市规划委员会、北京市文物局编入《北京优秀近现代建筑保护名录（第一批）》，于 2018 年 11 月被中国文物学会 20 世纪建筑遗产委员会评选为“第三批中国 20 世纪建筑遗产项目”。现在一号楼主要为航空科学与工程学院等单位教学科研场所以及全校公共教室。

一号楼（组图）

一号楼（组图）

二号楼

二号楼原名仪表系楼、05 系楼，建筑面积 8 822.4 平方米，占地面积 2 460 平方米，地上 4 层，1955 年 4 月 19 日开工建设，1955 年 9 月 20 日竣工。总设计师为中国著名建筑师杨锡镠，设计单位为北京市建筑设计院（原北京市人民政府建筑工程局设计院），施工单位为北京市第六建筑工程公司。二号楼作为北京航空航天大学近现代建筑群重要建筑之一，于 2007 年 12 月被北京市规划委员会、北京市文物局编入《北京优秀近现代建筑保护名录（第一批）》，于 2018 年 11 月被中国文物学会 20 世纪建筑遗产委员会评选为“第三批中国 20 世纪建筑遗产项目”。现在二号楼主要为中法工程师学院 / 国际通用工程学院教学科研办公场所。

二号楼（组图）

三号楼

三号楼原名发动机系楼、教 9 楼，建筑面积 8 910 平方米，占地面积 2 490 平方米，地上 4 层，1954 年 5 月 8 日开工建设，1954 年 11 月 20 日竣工。总设计师为中国著名建筑师杨锡镠，设计单位为北京市建筑设计院（原北京市人民政府建筑工程局设计院），施工单位为北京市第六建筑工程公司。三号楼作为北京航空航天大学近现代建筑群重要建筑之一，于 2007 年 12 月被北京市规划委员会、北京市文物局编入《北京优秀近现代建筑保护名录（第一批）》，于 2018 年 11 月被中国文物学会 20 世纪建筑遗产委员会评选为“第三批中国 20 世纪建筑遗产项目”。本着“尊重原始风貌，提升建筑品质、保证建筑安全”的理念，三号楼于 2020 年完成大修改造，现主要用作全校公共教室。

三号楼（组图）

三号楼（组图）

三号楼（组图）

四号楼

四号楼原名材料系楼、04 系楼，建筑面积 8 826 平方米，占地面积 2 462 平方米，地上 4 层，1955 年 12 月 15 日开工建设，1956 年 8 月 24 日竣工。总设计师为中国著名建筑师杨锡镠，设计单位为北京市建筑设计院（原北京市人民政府建筑工程局设计院），施工单位为北京市第六建筑工程公司。四号楼作为北京航空航天大学近现代建筑群重要建筑之一，于 2007 年 12 月被北京市规划委员会、北京市文物局编入《北京优秀近现代建筑保护名录（第一批）》，于 2018 年 11 月被中国文物学会 20 世纪建筑遗产委员会评选为“第三批中国 20 世纪建筑遗产项目”。现在四号楼主要为材料科学与工程学院教学科研场所以及全校公共教室。

创新担当
实干有为
北京航空航天大学
材料科学与工程学院
School of Materials Science and Engineering
材子佳人
向北航行

四号楼（组图）

五号楼

五号楼建筑面积 38 523.44 平方米，地上 4 层，地下 3 层，高 16.68 米，2018 年 10 月 30 日开工建设，2019 年 12 月 16 日竣工。设计单位为北京市建筑设计研究院有限公司，施工单位为中国新兴建设开发有限责任公司。五号楼建筑布局呈“工”字形，它将教学区的一号至四号楼所形成的严谨对称的空间格局巧妙向西延伸，进一步强化了校园教学轴线的空间序列。建筑以铝板玻璃等现代建筑材料体现新时代的技术发展，窗单元细节刻画细腻，呈现出不凡的光影效果及韵律感；檐口、线脚、斗拱等建筑细部增加了建筑的层次感，反映出北航校园应有的文化底蕴和校园气质。同时五号楼地下空间设置部分大开间实验室，以满足有特殊实验环境要求的学科方向和实

验内容，并通过采光中庭、窗井空间等设计手法，为地下使用空间营造了与地面建筑同等的使用品质，实现了地下空间的最大化、最优化利用。现在五号楼主要为生物与医学工程学院、医学科学与工程学院、医工交叉创新研究院等单位教学科研办公场所及全校公共教室。

五号楼（组图）

五号楼（组图）

六号楼

六号楼又名办公楼，建筑面积共 9 454.3 平方米，主楼地上 5 层，于 1981 年建成，设计单位为第三机械工业部第四规划设计研究院；东西配楼为地上 4 层，于 1986 年建成，设计单位为山西省建筑设计院。六号楼曾用于干部培训、学生宿舍等，现主要为学校党政机关办公场所。

六号楼（组图）

建成初期的六号楼

七号楼

七号楼原名管理学院楼或五号楼，现又名人文学院楼，建筑面积 3 693.6 平方米，地上 6 层，高 22.3 米，于 1992 年建成，设计单位为冶金部建筑研究总院。七号楼于 2017 年进行了抗震加固改造，现主要为人文社会科学学院（公共管理学院）教学科研办公场所。

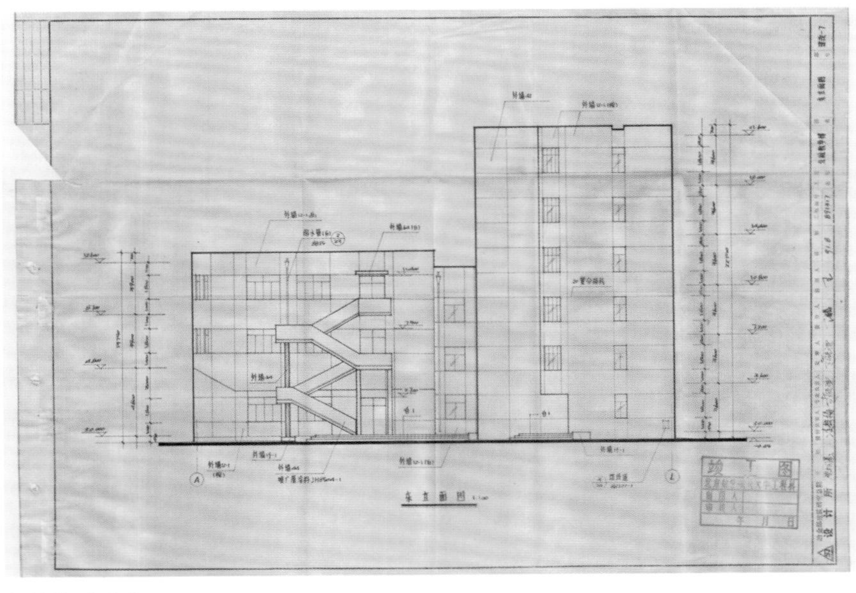

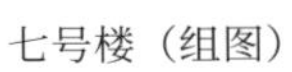
七号楼（组图）

八号楼

八号楼又名如心楼，建筑面积 10 328 平方米，地上 9 层，地下 2 层，高 36 米，由香港著名实业家龚如心捐资，学校配套投资兴建，1998 年完工，设计单位为第二炮兵工程设计研究院。八号楼外墙原为白瓷砖，2015 年进行了外立面改造。其南楼与北楼主要为外语学院和法学院的教学科研办公场所及师生服务大厅，东楼为二层会议中心，设两个报告厅、三个会议室和一个接待室。

八号楼（组图）

第一馆

第一馆建筑面积 8 132.1 平方米，地上 5 层，地下 3 层（地下空间与五号楼连为一个整体），高 24 米，设计单位为北京市建筑设计研究院有限公司，施工单位为中国新兴建设开发有限责任公司。第一馆采用矩形布局设计，与五号楼同步启动建设，于 2018 年 10 月 30 日开工，2019 年 12 月 16 日竣工。第一馆与五号楼建设项目（又称北航先进制造和空天材料实验楼项目）呈“L”形布置方式，为学院路新北门塑造了门户建筑和空间序列感，同时与北侧的柏彦大厦共同围合出一个尺度舒适的内向空间庭院，令教学区建筑群的空间感与秩序感进一步强化。第一馆现主要为网络空间安全学院与集成电路科学与工程学院教学科研办公场所。

第一馆（组图）

第二馆

第二馆原名教 3 楼，建筑面积 1 550.4 平方米，地上 1 层，地下 0 层，于 1953 年建成，设计单位为北京市建筑设计院（原北京市人民政府建筑工程局设计院）。其在建校初期为学生实习厂房（热铸工厂），现为材料科学与工程学院教学科研场所。

第二馆（组图）

第四馆

第四馆又名 704 实验楼，原名钣金实验室，建筑面积 2 155.54 平方米，地上 4 层，于 1987 年建成，1998 年由 2 层改造为 4 层，高 16.6 米，设计单位为航空工业部第四规划设计研究院，施工单位为北京市第三建筑工程公司，现为机械工程及自动化学院教学科研场所。

第四馆（组图）

第三馆

第三馆又名校友之家，建筑面积 4 235 平方米，地上 6 层，于 2000 年建成，为原教 1 楼（又名老三馆、佑才馆，2020 年已拆除）东侧配电楼，设计单位为北京中外建市政公用工程设计所。为迎接学校 70 周年校庆，打造北航校友家园，北航杰出校友、晨兴国际控股集团创始人王祖同、杨文瑛夫妇捐资，对其启动加固改造工程，打造北航校友之家。改造后的第三馆将学校历史建筑代表元素与欧式建筑风格有机结合，可满足办公、报告、展览、交流、校友活动等多种用途，旨在提升学校校友文化的扩散性和号召力，形成校友与母校的联系纽带。第三馆改造工程设计单位为北京国科天创建筑设计院有限责任公司，施工单位为江苏金祥建设工程有限公司。

改造前的第三馆

第三馆（组图）

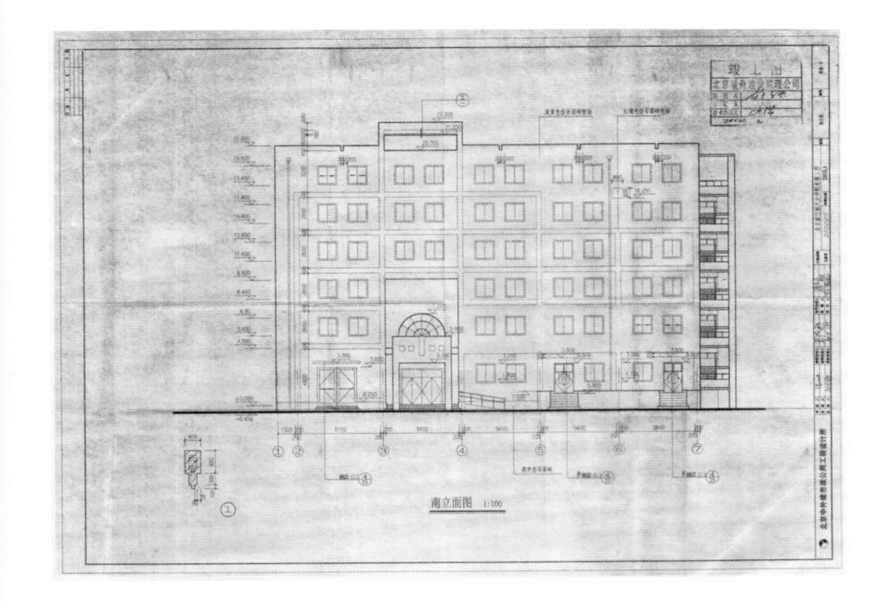

第三馆（组图）

第五馆

第五馆

第五馆原名静动力试验室，建筑面积 501.00 平方米，地上 2 层，地下 0 层，于 1953 年建成，设计单位为北京市建筑设计院（原北京市人民政府建筑工程局设计院），施工单位为北京市第六建筑工程公司，现为航空科学与工程学院教学科研场所。

第六馆

第六馆

第六馆又名 CFD 楼、流体力学楼，原名教 8 楼、风洞馆，建筑面积 6 187.27 平方米，地上 4 层，于 1953 年建成，1996 年由 2 层改造为 4 层，高 18 米，设计单位北京市建筑设计院（原北京市人民政府建筑工程局设计院），施工单位为北京市第六建筑工程公司，现为航空科学与工程学院教学科研场所。

第六馆（组图）

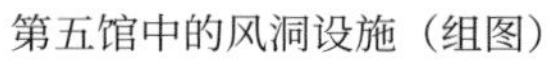

第五馆中的风洞设施（组图）

第七馆

第七馆

第七馆又名水洞楼，建筑面积 1 665.00 平方米，地上 3 层，于 1992 年建成，设计单位为中国航空工业规划设计研究院，现为航空科学与工程学院教学科研场所。

第八馆

第八馆又名继续教育楼、非晶态实验楼，建筑面积 2 591.00 平方米，地上 3 层，高 12.45 米，于 1991 年建成，设计单位为航空工业部第四规划设计研究院，现为航空科学与工程学院、生物与医学工程学院、继续教育学院等单位的教学科研场所。

第八馆（组图）

第九馆

第九馆又名逸夫科学馆，建筑面积 7 013.45 平方米，地上 5 层，高 26.95 米，于 1990 年建成，设计单位为同济大学建筑设计研究院，施工单位为北京市第三建筑工程公司，由我国著名慈善家邵逸夫先生捐赠兴建。2021 年学校对其启动抗震加固改造工程，基于对建筑历史的尊重，秉持“修旧如旧”的设计理念，采用砖红色铝板仿贴面砖样式，最大限度地实现原貌恢复，延续了逸夫科学馆独特鲜明的建筑风格。改造设计单位为北京东方华脉工程设计有限公司，施工单位为北京市建筑工程装饰集团有限公司，第九馆改造后的建筑功能主要为校史馆，以集中展示学校艰苦奋斗的成长历史、空天报国的辉煌成果以及科技创新的伟大成就。

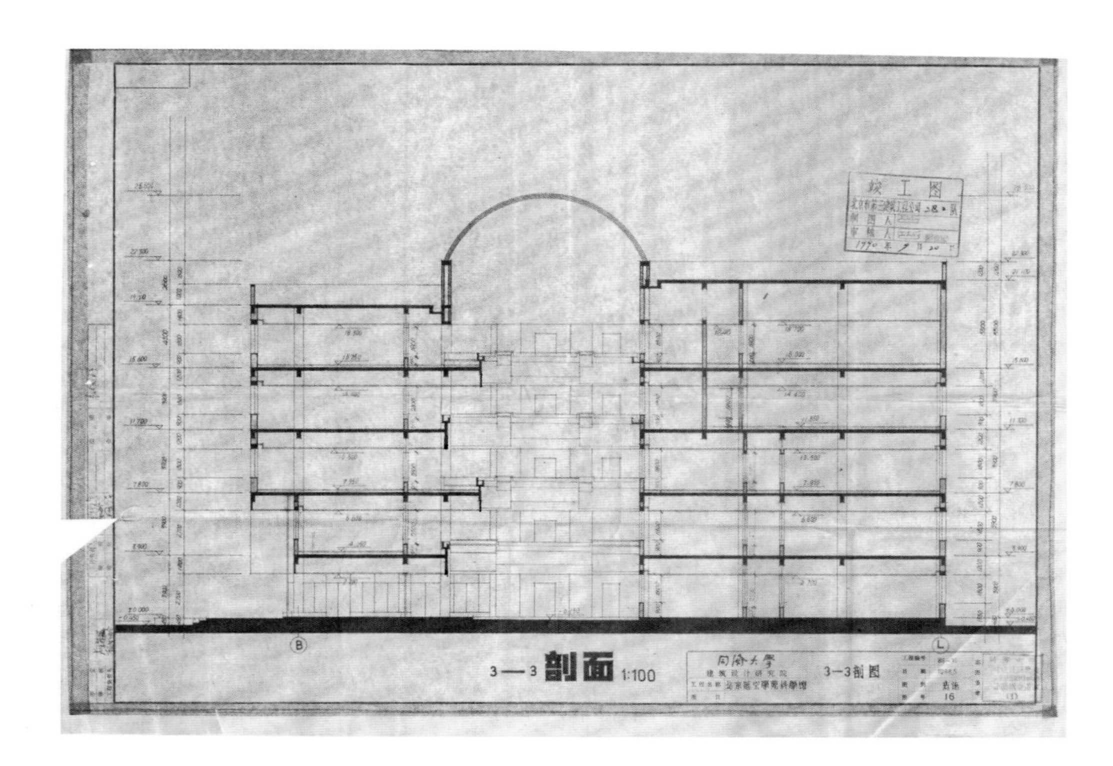

第九馆（组图）

G=H-TS = U-TS+PV
+NaHCO3↓
+ CH3COOH

第九馆（组图）

第十馆

第十馆

第十馆又名 IRC 楼，建筑面积 4 545 平方米，地上 4 层，高 14.15 米，于 2002 年建成，设计单位为中国中元兴华工程公司（中元国际工程设计研究院），施工单位为河北省第四建筑工程公司。第十馆原为体育馆二期工程项目，2008 年北京奥运会期间用作奥运赛事发布及记者接待场所，现为国际交叉科学研究院教学科研办公场所。

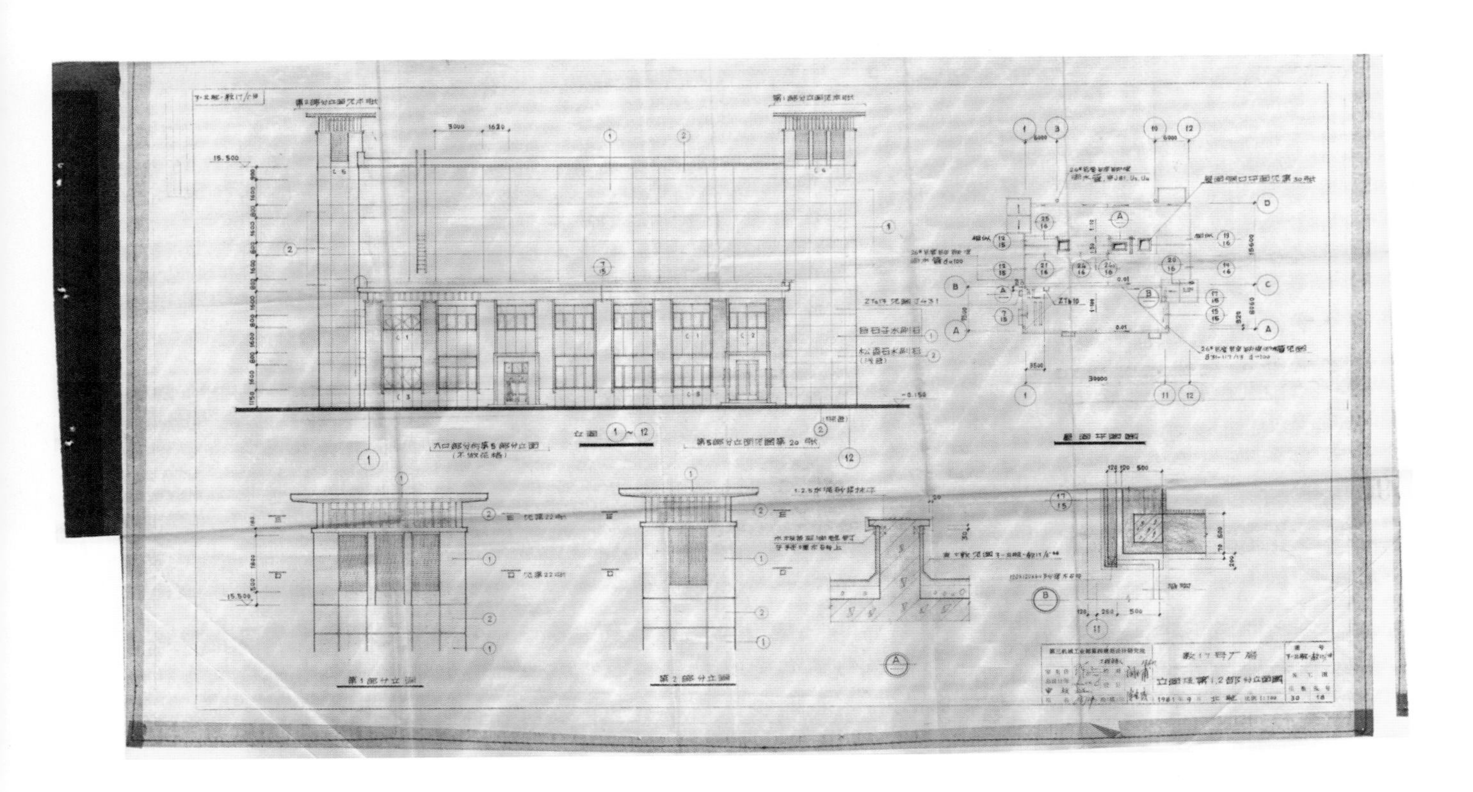

第十一馆（组图）

第十一馆

第十一馆原名教 17 号厂房，原址为机械厂制氧车间。其建筑面积 1 979.00 平方米，地上 4 层，于 1982 年建成，设计单位为第三机械工业部第四规划设计研究院。2000 年学校对其进行了内部加层改造，现为机械工程及自动化学院教学科研用房。

为民楼

第十二馆、第十三馆、第十四馆、第十五馆

第十二馆又名无人机楼，第十三馆又名光电所，建筑面积合计 14 300 平方米，地上 6 层，高度 23.75 米，于 2001 年建成，原为无人机一期建设用房，设计单位为中国航空工业规划设计研究院，施工单位为北京市房山建筑工程公司。

第十四馆又名为民楼，建筑面积为 15 530 平方米，地上 7 层，于 2004 年建成，原为无人机研制基地二期建设用房，设计单位为中国航空工业规划设计研究院，施工单位为中航天建设工程公司，现为可靠性与系统工程学院等单位教学科研办公场所。

第十五馆又名 505 实验室，建筑面积 4 713.8 平方米，地上 5 层，高 23.4 米，原为无人机研制基地三期建设用房，于 2008 年建成，设计单位为中国航空工业规划设计研究院，施工单位为北京政晨建筑工程有限公司，现为航空科学与工程学院教学科研场所。

第十二馆、第十三馆（组图）

为民楼

第十六馆

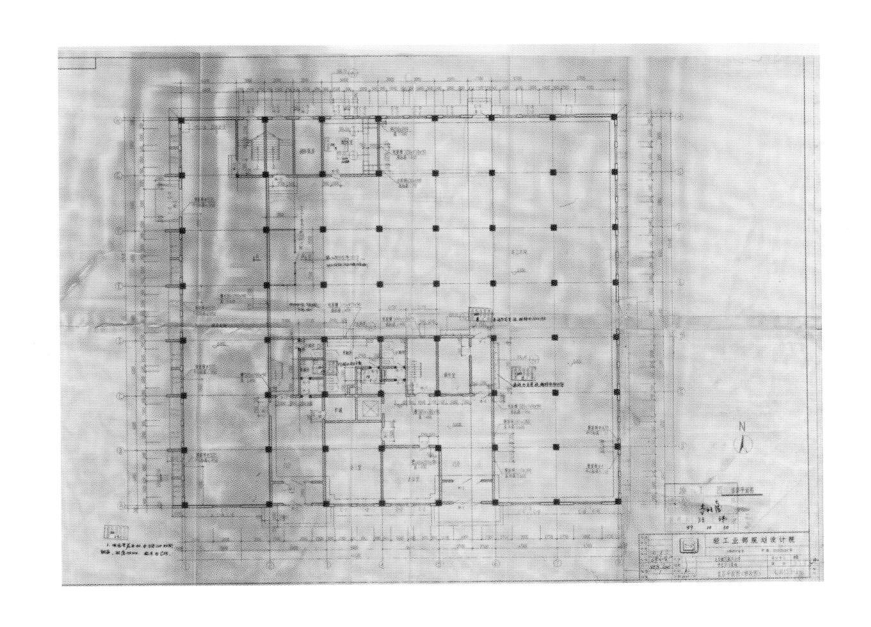

第十六馆又名曾宪梓科教楼，为感谢香港著名实业家曾宪梓捐资，传承其大爱精神而冠名。建筑面积为 9 470 平方米，地上 6 层，高 23.05 米，于 1999 年建成，原为工程训练中心（学生实习基地），设计单位为轻工业部规划设计院，施工单位为北京市第六建筑工程公司，现为自动化科学与电气工程学院、软件学院等单位的教学科研办公场所。

第十六馆（组图）

主中（主 M）

主中建筑面积 10 950.6 平方米，地上 4 层，地下 1 层，高 23.93 米，于 2000 年建成，设计单位为中国轻工业北京设计院，施工单位为北京百环建筑工程公司，现主要用于全校公共教室。

主中（组图）

图书馆

图书馆建筑面积 28 273.6 平方米，地上 6 层，高 30.8 米，于 1986 年建成，设计单位为第三机械工业部第四规划设计研究院，施工单位为北京市第三建筑工程公司。1999 年学校对东西翼楼进行加层改造，2002 年进行了正面贴建。北航图书馆最初的藏书由中华人民共和国成立初期的清华大学、北京工业学院 (现北京理工大学)、厦门大学、四川大学、云南大学等院校的航空类书刊组成。经过近 70 年的积累，截至 2021 年底，图书馆馆藏印刷型书刊资料已达 298 万册。

图书馆（组图）

贴建前的图书馆

图书馆（组图）

原图书馆阅览室（位于现在一号楼二层东侧）

图书馆（组图）

知行楼

知行楼原名学生活动中心，建筑面积 4 998 平方米，2005 年开工建设，2006 年投入使用，地上 3 层，地下 1 层，高 13 米，于 2007 年建成，设计单位为中国轻鑫工程有限责任公司（原中国中轻国际工程有限公司），施工单位为北京城乡建设工程有限责任公司。

知行楼（组图）

新主楼

新主楼建筑面积为 226 511.3 平方米，占地面积约 6.9 万平方米。楼宇最高高度 50.7 米，部分 6 层建筑高度为 28 米，会议中心高度 5.4 米，楼体为框剪结构。2003 年新主楼立项并交付北京市建筑设计研究院有限公司承担设计工作，2004 年完成全部设计并于同年 8 月 25 日启动施工，2006 年 8 月 9 日竣工，同年 9 月交付投入使用。新主楼由北京住总集团有限责任公司施工建设，其集成了现代化的智能楼宇控制系统，是当时亚洲最大的单体教学科研楼。新主楼的典范作用不仅在于其建筑本身的创新价值，更在于整个项目全链条执行过程中对北航基建系统的管理理念、质量把控、建设标准各方面产生的引领作用，将“校园建筑综合体”的概念引入了中国高校建设中。新主楼设有会议室（8 个）、报告厅（2 个，166 座和 250 座）、地下车库（约 830 个车位）、实验室、教室、办公空间等空间设施。

新主楼（组图）

新主楼（组图）

北京航空航天博物馆

北京航空航天博物馆建筑面积为 15 383.51 平方米，地上 3 层，地下 1 层，高 20.5 米，于 2012 年建成投入使用，设计单位为北京中天正通工程设计有限公司，施工单位为中建一局集团第二建筑有限公司。北京航空航天博物馆的前身是北京航空馆，于 1985 年建成，是我国首个展示航空航天科学技术的综合科技馆。博物馆集教学、科普、文化传承为一体，是航空航天国家级实验教学示范中心的重要组成部分，是航空航天科普与文化、北航精神以及青少年爱国主义、国防教育的重要基地，2022 年被命名为“2021—2025 年度第一批全国科普教育基地”。

原停机坪

北京航空航天博物馆（组图）

北京航空航天博物馆（组图）

北京航空航天博物馆（组图）

晨兴音乐厅

晨兴音乐厅建筑面积为 5 022 平方米，地上 4 层，地下 1 层，高 23.8 米，由北航杰出校友、晨兴国际控股集团创始人王祖同、杨文瑛夫妇捐资及学校投资建设，2012 年建成投入使用，设计单位为中广电广播电影电视设计研究院，施工单位为中建一局集团第二建筑有限公司。音乐厅设观众席 878 座，是集文艺演出、文化讲堂、学术报告等多功能于一体的高雅殿堂设施，承载着北航在迈向世界一流大学进程中深化人文艺术素养教育、强化文化育人作用的发展愿景。

晨兴音乐厅（组图）

晨兴音乐厅（组图）

晨兴音乐厅（组图）

体育馆

体育馆建筑面积为 16 444 平方米，地上 2 层，地下 1 层，高 19.15 米，于 2001 年建成投入使用，后于 2007 年进行了改建；设计单位为中国中元兴华工程公司（中元国际工程设计研究院），施工单位为河北省第四建筑工程公司。体育馆曾用于第 21 届世界大学生运动会排球比赛场馆，后经改造作为 2008 年北京奥运会、残奥会举重赛事官方场馆。场馆观众席座位数多达 6 028 个。场馆外为主色调为银灰色的铝幕外墙及巨大的架空平台，似飞碟从天而降；内部风格借鉴世界体育建筑的成功设计经验，同时结合中国特有元素，充分体现了“绿色奥运、科技奥运、人文奥运”的重要理念。2008 年 8 月 9 日，在北京奥运会首日角逐的女子举重 48 公斤级决赛中，我国健儿陈爕霞以总成绩 212 公斤夺取金牌并打破奥运会总成绩纪录，北航体育馆由此诞生了中国代表团在北京奥运会的首枚金牌。

体育馆（组图）

游泳馆

游泳池建筑面积 3 749.74 平方米，地上 1 层（局部 2 层），地下 1 层，高 12.6 米，于 2008 年建成，设计单位为北京中天正通工程设计有限公司，施工单位为北京市第二建筑工程有限公司。

游泳馆（组图）

新北社区

由于北航原“北宿舍区”建筑年代跨度较大且多存在安全隐患，逐渐不能满足学生学习生活的需求，故学校对除学生 12 公寓、19 公寓（现学生 16 公寓）及 114 楼外的全部建筑进行了拆除，并于 2016 年开工建设新北社区。新北社区除为学生提供基本居住功能外，还融合有餐饮、学习、购物、健身、社交、生活服务等多元要素。

新北社区新建项目总建筑面积 117 816.97 平方米，其中地上建筑面积 42 586 平方米，地下建筑面积 75 230.97 平方米，包括学生 13 公寓、15 公寓、北区食堂等建筑，地上最高 7 层，地下 4 层，设计单位为北京市建筑设计研究院有限公司，施工单位为中国新兴建设开发有限责任公司。

新北社区（组图）

原学生 13 公寓楼

新北社区（组图）

原13学生公寓楼门前照明灯、扩音喇叭、公寓楼牌（组图）

沙河校区主楼

沙河校区主楼原名为沙河校区国家实验室，建筑面积总计 145 802 平方米，设计单位为中国建筑设计研究院，施工单位为北京住总集团有限责任公司。其中主楼 A 座、B 座（国家实验室一期）建筑面积为 63 100 平方米，地上 10 层，地下 1 层，高 60 米，于 2012 年开工建设，2014 年竣工。主楼 C、D、E、F 座（国家实验室二期）建筑面积为 82 702 平方米，地上 10 层，地下 1 层，高 54 米，于 2014 年开工建设，2017 年竣工。主楼原规划有国家实验室，旨在打造服务国家航空发展重大战略需求、提升航空科技基础研究竞争力与创新力的重要设施，后为推进两校区布局发展，保障第一批搬迁学院办学空间资源，调整为能源与动力工程学院、交通科学与工程学院、前沿科学技术创新研究院等单位的教学科研办公场所。

沙河校区主楼（组图）

沙河校区主楼（组图）

A

沙河校区主楼（组图）

沙河校区一号 ~ 五号教学楼

该建筑群总建筑面积为 45 593 平方米，地上 5 层，地下 1 层，高 23.1 米，于 2010 年建成，设计单位为中国建筑设计研究院，施工单位为中国建筑第七工程局有限公司。其中一、三、四、五号教学楼主要用作全校公共教室，二号教学楼现为沙河校区临时图书馆。

沙河校区一号～五号教学楼（组图）

图书馆
入口

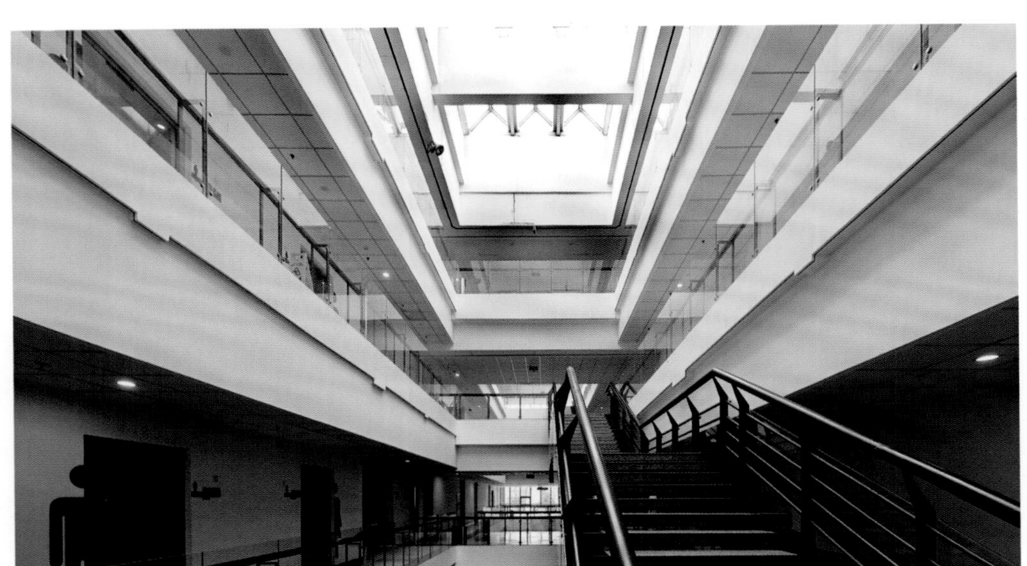

沙河校区一号 ~ 五号教学楼（组图）

沙河校区 1 号 ~7 号实验楼

该建筑群总建筑面积为 47 371.23 平方米，地上 8 层，地下 1 层，局部建筑为 3~5 层高。其中 1 号 ~3 号实验楼建筑面积为 22 574.3 平方米，于 2010 年建成，设计单位为北京中轻国际工程有限公司，施工单位为北京城乡一建设工程有限责任公司。4 号 ~7 号实验楼建筑面积为 24 796.93 平方米，于 2012 年建成，设计单位为世源科技工程有限公司，施工单位为北京城乡一建设工程有限责任公司，现主要为飞行学院、化学学院等单位教学科研办公场所以及全校公共教学实验平台场地。

沙河校区 1 号 ~7 号实验楼（组图）

沙河校区综合体育馆

沙河校区综合体育馆建筑面积 15 071 平方米，地上 2 层（局部 3 层），地下 1 层，高 23.9 米，于 2014 年建成，设计单位为中建国际（深圳）设计顾问有限公司，施工单位为中国建筑第八工程局有限公司。体育馆分南北两栋建筑，中间以连廊连接，内设多功能厅、舞蹈排练厅、琴房、游泳馆、羽毛球馆、乒乓球馆、健身房、台球、室内百米跑道等文体功能用房与设施。

沙河校区综合体育馆（组图）

沙河校区留学生公寓、学术会议中心

沙河校区留学生公寓、学术会议中心项目于 2021 年 4 月开工，2022 年 4 月竣工，由留学生公寓（北楼和西楼）、学术会议中心和学生 11 公寓组成，总建筑面积 65 076 平方米，建筑高度 32 米，其中地上 7 层，地下 2 层，地下空间整体连通，配套包括就餐区、后厨区、健身休闲区、物业用房等区域，同时设置机动车车位 198 个。沙河校区留学生公寓、学术会议中心集住宿、国际学术交流及会议接待等功能于一体，是保障沙河校区留学生培养、加强中外文化交流融合的重要配套设施，旨在辐射周边，发力高端，打造聚集科技创新人才、激发科技创新活力，填补高教园区学术交流场所空白。

沙河校区留学生公寓、学术会议中心（组图）

沙河校区留学生公寓、学术会议中心（组图）

书院社区

沙河校区西区宿舍食堂项目是落实学校两校区 “双核”发展格局的重要任务，是中央在京高校重点建设项目，旨在打造高品质、功能齐全的书院式学生一体化社区。书院式社区位于沙河校区西北区域，占地面积 58 670 平方米，项目总建筑面积 148 439 平方米，其中地上建筑面积 83 183 平方米，地下建筑面积 65 256 平方米，包括学生 5~9 公寓、西区食堂，地上最高 10 层，地下 2 层，设计单位为北京市建筑设计研究院有限公司，施工单位为北京城建一建设发展有限公司。

书院社区打破了学生宿舍的单一居住模式，充分融合师生学习研讨、创新创业、公共服务、体育健身、餐饮休闲等一切活动内容。食堂可提供约 2 500 个餐位，提供多样多层次、全天候的餐饮服务。公寓平面呈“L”形对扣布置，以围合形式打造一个个环境宜人、宽敞明亮的内庭院空间，通过下沉庭院、采光窗井等建筑设计，确保采光房间面积占比超过 98%。社区周边另配套有约 8 000 平方米的小型体育中心，包含 2 个小型足球场、8 个标准篮球场、2 个标准排球场 / 网球场。

书院社区（组图）

书院社区（组图）

沙河校区学生10公寓、八号楼（校区服务中心）

沙河校区学生 10 公寓、八号楼（校区服务中心）总建筑面积 45 271 平方米，于 2021 年 7 月开工建设，2022 年 8 月竣工，其中学生 10 公寓地上 10 层，地下 2 层，建筑面积 33 542 平方米，公寓采用单元式设计理念。标准层每个单元包含 8 个宿舍，每个单元设有公共研讨室、公共晾晒区、公共卫生间等，最多可提供 2 364 个床位。地下空间规划有学生创新中心、研讨室、学生事务中心及物业用房等，采用窗井、观察窗等措施，使可采光房间面积达 74.8%；八号楼（校区服务中心）地上 13 层，地下 2 层，建筑面积 11 729 平方米，以开放办公、共享办公的灵活模块布局为主，配备丰富齐全的配套设施，满足办公、会议、展览、交流等多种用途，可同时容纳 392 人办公，为两校区管理服务同质化打造高效空间。

沙河校区学生 10 公寓、八号楼（校区服务中心）

附录：
现北京航空航天大学主要建筑信息一览

学院路校区（表中面积及高度数据均已四舍五入精确到个位）

序号	建筑物名称	建成年份	建筑面积（平方米）	高度（米）	楼层数	备注
1	主楼	1956	17 607	24	6	1981 年进行局部抗震加固 2002 年进行室内外装修 2022 年进行全面抗震加固及室内外装修
2	主楼（主南）	1957	5 739	20	5	
3	主楼（主北）	1957	5 739	20	5	
4	一号楼	1954	8 822	16	4	1982 年进行局部抗震加固 2002 年进行室内装修，加装连廊
5	二号楼	1955	8 822	16	4	1982 年进行局部抗震加固 2002 年进行室内装修，加装连廊 2007 年进行室内装修
6	三号楼	1954	8 910	16	4	1982 年进行局部抗震加固 2002 年进行室内装修，加装连廊 2020 年进行全面抗震加固及室内外装修
7	四号楼	1956	8 826	16	4	1982 年进行局部抗震加固 2002 年进行室内装修，加装连廊
8	五号楼	2019	38 523	17	4	原址为老体育馆等，于 2018 年拆除
9	六号楼（办公楼）	1981	5 530	17	5	2002 年进行室内外装修
10	六号楼（东、西办公楼）	1986	3 924	14	4	
11	七号楼（人文学院楼）	1992	3 694	22	6	2017 年进行抗震加固及室内外装修
12	八号楼（如心楼）	1998	10 328	31	9	2015 年进行抗震加固及室内外装修
13	第一馆	2019	8 232	24	5	原址为新八馆等，于 2018 年拆除
14	第二馆	1953	1 550	6	1	—

（续表）

<table>
<tr><th>序号</th><th>建筑物名称</th><th>建成年份</th><th>建筑面积（平方米）</th><th>高度（米）</th><th>楼层数</th><th>备注</th></tr>
<tr><td>15</td><td>第三馆（校友之家）</td><td>2000</td><td>4 235</td><td>24</td><td>6</td><td>原北配电楼，2022 年进行全面抗震加固及室内外装修</td></tr>
<tr><td>16</td><td>第四馆（704 实验楼）</td><td>1987</td><td>2 156</td><td>17</td><td>4</td><td>1998 年由 2 层加层为 4 层</td></tr>
<tr><td>17</td><td>第五馆</td><td>1953</td><td>501</td><td>10</td><td>2</td><td>—</td></tr>
<tr><td>18</td><td>第六馆（CFD、流体力学楼）</td><td>1953</td><td>6 187</td><td>18</td><td>4</td><td>1979 年进行局部抗震加固
1996 年由 2 层加层为 4 层</td></tr>
<tr><td>19</td><td>第七馆（水洞楼）</td><td>1992</td><td>1 665</td><td>12</td><td>3</td><td>—</td></tr>
<tr><td>20</td><td>第八馆（继续教育楼、非晶态实验楼）</td><td>1991</td><td>2 591</td><td>12</td><td>3</td><td>—</td></tr>
<tr><td>21</td><td>第九馆（逸夫科学馆、校史馆）</td><td>1990</td><td>7 013</td><td>27</td><td>5</td><td>2022 年进行全面抗震加固及室内外装修</td></tr>
<tr><td>22</td><td>第十馆（IRC 楼）</td><td>2002</td><td>4 545</td><td>14</td><td>4</td><td>2013 年进行内部装修</td></tr>
<tr><td>23</td><td>第十一馆</td><td>1982</td><td>1 979</td><td>16</td><td>4</td><td>2000 年进行内部改造</td></tr>
<tr><td>24</td><td>第十二馆（无人机楼）</td><td rowspan="2">2001</td><td rowspan="2">14 300</td><td rowspan="2">24</td><td rowspan="2">6</td><td rowspan="4">原址为机械厂</td></tr>
<tr><td>25</td><td>第十三馆（光电所）</td></tr>
<tr><td>26</td><td>第十四馆（为民楼）</td><td>2004</td><td>15 530</td><td>32</td><td>7</td></tr>
<tr><td>27</td><td>第十五馆（505 实验室）</td><td>2008</td><td>4 714</td><td>23</td><td>5</td></tr>
<tr><td>28</td><td>第十六馆（曾宪梓科教楼）</td><td>1999</td><td>9 470</td><td>23</td><td>6</td><td>—</td></tr>
<tr><td>29</td><td>主中（主 M）</td><td>2000</td><td>10 951</td><td>24</td><td>4</td><td>—</td></tr>
<tr><td>30</td><td>图书馆</td><td>1986</td><td>28 274</td><td>31</td><td>6</td><td>1999 年进行东西配楼加层建设
2002 年进行正面贴建
2007 年进行学术交流厅装修</td></tr>
<tr><td>31</td><td>东小楼</td><td>1959</td><td>365</td><td>6</td><td>2</td><td>—</td></tr>
<tr><td>32</td><td>西小楼</td><td>1959</td><td>365</td><td>6</td><td>2</td><td>—</td></tr>
<tr><td>33</td><td>知行楼</td><td>2006</td><td>4 998</td><td>13</td><td>3</td><td>原址为东饭厅及八系食堂</td></tr>
</table>

（续表）

序号	建筑物名称	建成年份	建筑面积（平方米）	高度（米）	楼层数	备注
34	新主楼	2006	22 6511	48	11	—
35	学生 1 公寓	2004	9 173	23	7	于原学生 1 公寓位置拆除重建
36	学生 2 公寓	2004	7 936	23	7	于原学生 2 公寓位置拆除重建
37	学生 3 公寓	2004	7 298	23	7	于原学生 3 公寓位置拆除重建
38	学生 4 公寓	1953	3 173	9	3	—
39	学生 5 公寓	2004	7 328	23	7	于原学生 5 公寓位置拆除重建
40	学生 6 公寓	2004	7 324	23	7	于原学生 6 公寓位置拆除重建
41	学生 7 公寓	2004	7 297	23	7	于原学生 7 公寓位置拆除重建
42	学生 8 公寓	1953	3 153	9	3	2014 年进行全面抗震加固及室内外装修
43	学生 9 公寓	2003	5 289	23	7	于原学生 9 公寓位置拆除重建
44	学生 10 公寓	2003	5 289	23	7	于原学生 10 公寓位置拆除重建
45	学生 11 公寓	1994	10 144	21	6	2021 年进行全面抗震加固及室内外装修
46	学生 12 公寓	2002	8 310	18	6	于原学生 12 公寓位置拆除重建
47	学生 13 公寓	2019	35 045	24	7	原北区学生 13、15、16、17、18 公寓于 2016 年拆除
48	学生 15 公寓	2019	48 570	24	7	—
49	学生 16 公寓	1999	5 375	18	6	系原学生 19 公寓，2019 年进行室内外装修
50	学生 20、21 公寓	2002	6 707	13	4	—
51	大运村 1-10 公寓	2001	128 532	60	9-19	系第 21 届世界大学生运动会运动员公寓，于 2007 年由北航回购
52	柏彦大厦	2002	34 970	92	21	—
53	世宁大厦	2003	64 791	80	21	原址为发动机附楼等
54	唯实大厦	2009	73 363	87	22	—
55	致真大厦	2014	224 976	99	24	原址为 6 号教学楼等
56	北区食堂	2019	25 226	14	3	原北区三、五、六、清真食堂等于 2016 年拆除

（续表）

序号	建筑物名称	建成年份	建筑面积（平方米）	高度（米）	楼层数	备注
57	西区食堂（合一楼）	2005	17 783	22	4	原址为西饭厅等
58	东区食堂	1997	5 066	16	3	—
59	航空航天博物馆	2012	15 384	21	3	前身为北京航空馆，于 1985 年建成，2008 年拆除
60	晨兴音乐厅	2012	5 022	24	4	原址为钣金车间（老八馆）
61	体育馆	2001	16 444	19	2	2007 年进行扩建
62	游泳馆	2008	3 750	13	2	原址为露天游泳池
63	培训中心	1996	10 550	32	8	原址为招待所，拆除后建设为飞行学院楼及留学生公寓，2007 年改造为培训中心
64	思源楼	2002	3 623	14	3	—
65	医院	2008	10 500	17	4	—
66	幼儿园	2012	6 180	12	3	—
67	附小教学楼	2004	7 438	18	4	—
68	附中教学楼	1987	2 749	15	4	—
69	附中综合楼	1999	2 366	16	4	—
70	附中科技实验楼	2012	3 402	14	3	—
71	附中新教学楼	2016	13 654	19	4	原附中西楼于 2013 年拆除

沙河校区（表中面积及高度数据均已四舍五入精确到个位）

序号	建筑物名称	建成年份	建筑面积（平方米）	高度（米）	楼层数	备注
1	一至五号教学楼	2010	45 593	23	5	—
2	1~3 号实验楼	2010	22 574	32	8	2017 年进行外立面装修
3	4~7 号实验楼	2012	24 797	32	8	2018 年进行外立面装修
4	8 号实验楼（工程训练中心）	2011	11 185	19	3	—
5	9~10 号实验楼（羽流实验室、陆士嘉实验室）	2010	6 620	12	1	—
6	主楼一期（A、B 座）	2014	63 100	60	10	2018—2020 年进行室内装修
7	主楼二期（C、D、E、F 座）	2017	82 702	54	10	
8	主楼三期	2020	17 721	—	—	—
9	八号楼	2022	11 729	45	13	—
10	学生 1~2 公寓	2012	34 817	24	7	—
11	学生 3~4 公寓	2010	48 660	24	7	—
12	学生 5~9 公寓（含地下公共空间）	2021	122 043	32	10	—
13	学生 10 公寓	2022	33 542	32	10	—
14	学生 11 公寓	2022	8 707	24	7	—
15	东区综合楼	2010	17 130	17	4	—
16	西区食堂	2021	26 396	16	3	—
17	综合体育馆	2014	15 071	24	3	—
18	沙河唯实北楼、西楼及学术会议中心（含地下公共空间）	2022	56 384	24	7	—

编后记　一次读懂北航校园“建设史”的实践

尽管知晓北航已有 20 多年，但我真正走进北航、细品北航建筑文化则始于 2021 年 10 月 25 日《人民日报》刊发的《北京航空航天大学 70 周年校庆公告》，它让我要更坚定以建筑或称建设北航校园的名义书写北航校园建设史的决心。弦歌七秩、桃李芬芳、时代印迹，这里培养出太多“空天报国”的精英，所以记叙这段历史，不仅要使其传之后世，更使之为北航的未来发展大计奠基。

走进北航参与梳理北航校园建设史始于三个“节点”项目，从“留史”与记忆出发，我们共编辑出版了三本书。这些看上去很平实的“册子”反映出的设计理念或许会影响 21 世纪中国高校校园的建设。这些理念在国内高校中已经成为“北航经验”。

《北航新主楼设计》于 2009 年 1 月推出（BIAD 传媒主编，天津大学出版社出版），它以北航新主楼高完成度的实践重塑大学精神。虽然《北航新主楼设计》是在新主楼投入运营两年后才出版的，但它确将建筑师叶依谦的创作完美呈现，也体现了北航校方的管理智慧与热忱配合。从此意义上讲，《北航新主楼设计》不仅是设计总结，更代表了建筑师对多学科、开放型、研究型大学环境空间的探索。可贵的是，建筑师叶依谦“适宜”的空间营造与设计风格，恰到好处地给新主楼增添了书卷气。

《“新北”生活——北航社区设计成长记》于 2021 年 7 月推出（北京建院叶依谦工作室与《中国建筑文化遗产》《建筑评论》编辑部合编，天津大学出版社出版）。这次设计建设的最大特点是造就了一个非同一般的北航“北区宿舍”。设计团队根植校园空间环境进行了有机更新，打造学生生活区域时注重精细化设计，立足采用适宜技术构建下沉庭院的空间模式，尤其以建筑师之力创造了高校食堂新模式等。我清晰地记得 2020 年 10 月 30 召开的“高校社区升级更新暨图书编研座谈会”，会上校方建设、运维管理方及学生代表纷纷讲述了对“新北”生活的感言，这实在是一个充满人性化的“成长印记”。建筑师叶依谦及其团队以岁月遗珠的人间感悟及追求，为北区新颖的设计奉献了妙思与巧技，用设计助推北航“新北”生活，展示出不同凡响的人文体验与校园“表情”。

2021 年 8 月，北航沙河宿舍食堂项目竣工，它的建成如同“新北”社区一样，再次受到教育部及相关部委的好评，它在高校能力建设及“环境育人”上的建设求索示范作用受到充分肯定。《中国建筑文化遗产》《建筑评论》编辑部参加了 2021 年 11 月 25 日在北航沙河校区的《“书院”生活——北航沙河社区设计建造记》编研座谈会，这个会议和之后编撰图书的过程，让我们感悟到建筑师叶依谦及其团队在该项目上的几个设计贡献：在中国高校人文建设中，以建筑的名义塑造了书院社区；现代书院也要营造心灵沃土，巧妙用五栋教学楼围合出“春华、秋实、天问、揽月”四个绿庭；面对很多高校校园执行的“适用、经济、绿色、美观”的建筑方针，沙河校区的设计更注重服务于“有温度的教育”，因此，为师生及走进校园的公众提供了具有人文气质的“活”起来的建筑文化。

三组建筑、三个小结及三本书，既是作品风采的呈现，更是建筑师叶依谦的创作理念的一次次迭代与写照。

为北航 70 年校庆编“校园建设纪事”一书的念头最早萌发于 2017 年，时值北航校庆 65 周年。记得当时随叶依谦总建筑师来北航参观，见到一系列新老项目，我很是感慨。通过交流，我们步入策划佳境。2017 年 10 月我主编的《建筑师的大学》一书出版，叶总写有“我的系馆，我的老师”，文章看似都是在回忆并分析他在天津大学求学的经历，但我读来，更能体会到他内含的对大学校园规划设计乃至表现的特别之思以及他多年来对建筑形式、空间、秩序及美的修为。我在编后记中写了《品读我们的大学故事》，这些让我思考：建筑师如何能用智慧之光为城市设计服务？建筑师何以理解文化传承且持续历久弥新的设计创作？上述哪样也离不开大学阶段校园的熏

相关图书封面（组图）

陶。2017 年之所以令人联想，因为 65 年前的 1952 年，中国开始实行高考制度，40 年前的 1977 年，中国宣布恢复了高考，开展建筑师个人的成长故事特别是与校园的“故事”就特别有意义。在此之后，我们先后完成了多个策划稿，表达了中国文物学会、20 世纪建筑遗产委员会要为北航校园的总体建设做传承与发展研究梳理工作的构想，其前后的策划稿如下。

“关于编撰出版《学术家园——北京航空航天大学校园建史纪事（1952—2019）》的策划案”（2018 年 7 月）；“纪念中华人民共和国高校院系调整 70 周年——以总结 2022 年北航 70 年校园建设成就为例”（2021 年 11 月 5 日）；“关于举行北航校园建设历程座谈会的建议”（2021 年 11 月 18 日），该会议于 2021 年 12 月 1 日召开；“空天报国忆家园　北航校园建设纪事（1952—2002 年）编制大纲”（2021 年 12 月 17 日）；“关于空天报国忆家园对钟群鹏院士的采访提纲”（2022 年 3 月 1 日）；“《空天报国忆家园　北航校园规划建设纪事（1952—2022 年）》编制纲目”（2022 年 3 月 13 日）；等等。在与校方历经四载的策划、分析、编研与文献甄别、筛选中，《中国建筑文化遗产》《建筑评论》编辑部参与工作的十余人一次次被北航建设者的“故事”感染，一次次从北航精神中悟到何为北航的建筑文化与北航长期积淀下的文化准则。渐渐地，我们认识到，北航 70 载规划建设历程（含基础设施建设）将大学建筑时空引入师生的心灵之境，这有太多丰富的可观可悟的内涵。

在校领导及北京航空航天大学校园规划建设与资产管理处的支持下，在叶依谦总建筑师及其团队的创作精神感召下，2021 年 10 月始编辑部组织专业建筑摄影师团队、编辑采访团队、建筑专业与版式设计团队，拍摄了北航“双核”校区的 60 个单体项目及总体建筑群的两千幅照片；在校方支持下，分析研究了学校档案馆整理留存的数千张图纸；翻阅了北京市档案馆、国家图书馆、北京城建档案馆及北京建院“建筑工程目录（1953—1992 年）”，并展开了对北航校园建设至少 30 人次“知情者”的调研访谈。这些基础工作使我们不仅获取了大量第一手资料，还从中获得了编书出版的自信，这里有对北航校园 70 载历史长河贡献者的敬畏，更有对北航校园规划建设史的珍惜。

翻阅新老图纸颇受震动，在北航 20 世纪五六十年代有设计图纸可查的资料中，我们发现至少有 60 多位北京建院建筑师、工程师为北航建筑贡献了“心智”，他们中有被誉为中华人民共和国 50 年代建筑“翘楚”的北京建院“八大总”中的赫赫有名的杨锡镠、朱兆雪、杨宽麟，还有在北京建院及业界都很“叫响”的“108 将”的设计骨干。从年龄上分析，这些设计精英在当年 20~40 岁不等，他们与更多的设计单位的同行践行了建筑设计服务“空天报国”的伟大理想与使命。让人十分欣慰的是，2000 年之后，北京建院叶依谦总建筑师工作室团队，倾注北航建设又是 20 余载，他以一缕情系建筑的校园乡愁与创新设计，处理好了北航诸项目在传承与发展上的关系。

2018 年，北航 20 世纪 50 年代老建筑群入选“中国 20 世纪建筑遗产项目”，这让校园建设史、校园历史建筑研究成为令人瞩目的命题，因此用历史的、整体的、发展的视野看待北航 70 年校园建设史时就不应以碎片化及小格局的眼光进行分析，它必是校园整体发展的有遗产分量的内容及源泉。2022 年 6 月，我在《建筑设计管理》杂志上撰文《70 周年的机构纪念与记忆研究》，该文通过 70 载北航大学校园建设史的机缘分析，比较了为北航建筑做出突出贡献的两位北京建院代表性大师，50 年代“八大总”之一杨锡镠总建筑师（1899—1978 年）与现任北京建院执行总建筑师叶依谦，尽管他们年龄相差 70 岁，分属两代建筑师，但在近 60 年间，他们都为北航校园建设做出很多贡献，他们在“对话交流”中共叙设计之思，给我们太多的力量。

面对历时近十个月的编辑成果，编辑团队从寒冬到盛夏积极付出，我们的自觉行为源自北航人“空天报国”的激励。很难忘在此整个期间北航校方领导的悉心指导及校园规划建设与资产管理处各位老师的配合，大家千方百计出主意，想办法，使这本凝聚北航人精神，呈现楼堂巍然、风格各异的新中国高校建设成就之作完成付印。寻迹校园建设史话，见证北航 70 载建筑与景观，我们坚信其成果之价值。但本书编撰中肯定有不全面之处，还恳请校内外同人指教，以便再版时更正补充。

金磊
中国文物学会 20 世纪建筑遗产委员会副会长、秘书长
中国建筑学会建筑评论学术委员会副理事长
《中国建筑文化遗产》《建筑评论》编辑部
2022 年 8 月

图书在版编目（CIP）数据

空天报国忆家园 ：北航校园规划建设纪事 ：1952-2022年 /《空天报国忆家园——北航校园规划建设纪事（1952—2022年）》编写组编著. -- 天津 ：天津大学出版社，2022.10

ISBN 978-7-5618-7325-0

Ⅰ. ①空… Ⅱ. ①空… Ⅲ. ①北京航空航天大学－校史 Ⅳ. ① G649.281

中国版本图书馆CIP数据核字（2022）第183671号

图书策划：金　磊
图书组稿：韩振平工作室
责任编辑：朱玉红　李　帆
装帧设计：朱有恒

KONGTIAN BAOGUO YI JIAYUAN: BEIHANG XIAOYUAN GUIHUA JIANSHE JISHI（1952—2022NIAN）

出版发行　天津大学出版社　北京航空航天大学出版社
地　　址　天津市卫津路92号天津大学内（邮编：300072）
电　　话　发行部：022-27403647
网　　址　www.tjupress.com.cn
印　　刷　北京华联印刷有限公司
经　　销　全国各地新华书店
开　　本　889mm×1194mm 1/16
印　　张　20.25
字　　数　384千
版　　次　2022年10月第1版
印　　次　2022年10月第1次
定　　价　228.00元